(dg)

(dg)

Band 24

OutdoorHandbuch

Marie-Luise und Dieter Großelohmann

Ratgeber rund ums Wohnmobil

Ratgeber rund ums Wohnmobil

Die Autoren und der Verlag sind für Lesertipps und Verbesserungen (besonders per E-Mail) unter Angabe der Auflagen- und Seitennummer dankbar.

Dieses OutdoorHandbuch hat 159 Seiten mit 66 farbigen Abbildungen und 14 farbigen Illustrationen. Es wurde auf chlorfrei gebleichtem, FSC®-zertifiziertem Papier gedruckt, in Deutschland klimaneutral hergestellt und transportiert und wegen der größeren Strapazierfähigkeit mit PUR-Kleber gebunden.

FSC
www.fsc.org
MIX
Papier aus verantwortungsvollen Quellen
FSC® C009051

Klimaneutral
Druckprodukt
ClimatePartner.com/10951-1812-1004

Dieses Buch ist im Buchhandel und in Outdoor-Läden erhältlich und kann im Internet oder direkt beim Verlag bestellt werden.

OutdoorHandbuch aus der Reihe „Basiswissen für draußen", Band 24

ISBN 978-3-86686-618-8 1. Auflage 2019

Text: Marie-Luise und Dieter Großelohmann
Fotos: falls nicht anders angegeben: Dieter Großelohmann (dg), Dethleffs (d), Fritz Berger (b)
Lektorat: Amrei Risse
Layout: Manuela Dastig

Gesamtherstellung: gutenberg beuys feindruckerei

Dieses OutdoorHandbuch wurde konzipiert und redaktionell erstellt vom:

Conrad Stein Verlag GmbH, Kiefernstr. 6, 59514 Welver,
☏ 023 84/96 39 12, FAX 023 84/96 39 13
info@conrad-stein-verlag.de,
www.conrad-stein-verlag.de

Besuchen Sie uns bei Facebook & Instagram:

www.facebook.com/outdoorverlag

www.instagram.com/outdoorverlag

Titelfoto und Buchrückseite: (d)

Inhalt

Vorwort

Camping und vor allem Wohnmobilfahren erlebt einen inzwischen lang anhaltenden und immer noch steigenden Boom. Die Verkaufs- und Zulassungszahlen nehmen stark zu. Messen wie der Caravan Salon in Düsseldorf oder die CMT in Stuttgart verzeichnen jährlich steigende Besucherzahlen und auch die übrigen Camping- und Reisemessen vergrößern ihre Ausstellungsflächen für Wohnmobile. Städte richten Stellplätze ein und Gasthöfe, Weingüter, kleine Brauereien und sogar Hotels erlauben den Wohnmobilisten, auf ihren Parkplätzen zu übernachten. Dadurch wird ein Urlaub im Wohnmobil immer attraktiver, denn die Zeiten, in denen man sich zum Übernachten heimlich in die Büsche schlagen oder auf dem Parkplatz einer Autobahnraststätte übernachten musste, sind damit in vielen Ländern vorbei. Ver- und Entsorgungsstationen gibt es oft bei den entsprechenden Stellplätzen und inzwischen in einigen Ländern auch an Autobahnraststätten.

Auch Sie wurden – wodurch auch immer – vom Campingvirus befallen. Zelten kommt nicht (mehr) infrage und so bleiben Wohnwagen oder Wohnmobil.

Die Kaufentscheidung

(d)

Wohnmobil oder Wohnwagen

Auch wenn dies ein Ratgeber für Wohnmobile ist: Die meisten Leute ziehen einen Wohnwagen zumindest auch in Betracht, darum führen wir die Vor- und Nachteile von beiden kurz an.

Wohnmobile

Vorteile:

- ▷ Sie sind leichter zu fahren als ein Gespann.
- ▷ Sie benötigen, wenn Sie alle paar Tage den Stellplatz wechseln, keinen Campingplatz.
- ▷ Bis 3,5 t genügt der normale Pkw-Führerschein. Wenn Sie Ihren Führerschein vor dem 1.1.1999 gemacht haben, dürfen Sie damit auch Wohnmobile bis 7,5 t fahren.
- ▷ Der Wagen steht Ihnen (außer wenn er Saisonkennzeichen hat) das ganze Jahr über zur Verfügung und ist schnell einsetzbar, um z. B. bei Städtetouren darin zu übernachten. (Die meisten Städte haben inzwischen mehr oder weniger schöne und komfortable Stellplätze.)
- ▷ Sie sind üblicherweise autark und brauchen zumindest für einen Aufenthalt von zwei bis drei Tagen keine Versorgungsmöglichkeiten.

Nachteile:

- ▷ Die Anschaffungskosten sind sehr viel höher als beim Wohnwagen (etwa zwischen € 35.000 und 120.000 für kleine bis mittelgroße Neuwagen).
- ▷ Steuern und Versicherung kosten viel mehr.
- ▷ Im Wohnmobil geht es üblicherweise enger zu als im Wohnwagen.
- ▷ Wenn es sich nicht nur um einen ausgebauten Transporter oder ein ganz kleines Mobil handelt, benötigen Sie zusätzlich einen Pkw.

Wohnwagen

Vorteile:

- ▷ Sie haben immer den Pkw für Ausflüge dabei und können den Wohnwagen am Übernachtungsplatz stehen lassen.
- ▷ Im Wohnwagen selbst ist mehr Platz als in gerade noch handlichen Wohnmobilen.

- ▷ Die Kosten für Anschaffung und Steuern/Versicherung sind für Wohnwagen um einiges günstiger.
- ▷ Sie brauchen keinen zusätzlichen Zweitwagen, weil Ihnen das Zugfahrzeug auch zu Hause zur Verfügung steht.

Nachteile:

- ▷ Sie benötigen für die Zeit, in der Sie nicht mit dem Wohnwagen unterwegs sind, einen Stellplatz, der bei Anmietung natürlich auch mit Kosten verbunden ist. Auf öffentlichen Parkplätzen muss der Wohnwagen nach spätestens 14 Tagen bewegt werden.
- ▷ Ein (langes) Gespann ist schwieriger zu fahren.
- ▷ Sie benötigen in den meisten Fällen einen Anhängerführerschein, wenn Sie Ihren Pkw-Führerschein nach dem 1.1.1999 gemacht haben.
- ▷ Selten sind Sie im Wohnwagen genauso autark wie im Wohnmobil. Wohnwagen haben fast immer nur einen kleinen Frischwassertank und selten einen fest eingebauten Abwassertank.

Vorüberlegungen

Überlegen Sie sich vor dem Kauf genau, was Sie benötigen und wie Sie das Wohnmobil nutzen möchten:

- ▷ Werden Sie allein, zu zweit oder mit Ihren Kindern verreisen? Wie viele Schlafplätze werden benötigt?
- ▷ Wollen Sie überwiegend frei stehen (dann ist z. B. ein größerer Wassertank wichtig) oder oft Campingplätze nutzen (dann kann das Bad kleiner ausfallen)?
- ▷ Werden Sie das Wohnmobil nur von Frühjahr bis Herbst nutzen oder das ganze Jahr über? (Dann muss es winterfest sein oder entsprechend aufgerüstet werden können.)
- ▷ Machen Sie am liebsten Urlaub im warmen Süden oder bevorzugen Sie den Norden? (Wer sich im sonnigen Spanien nur zum Schlafen im Wohnmobil aufhält, benötigt weniger Platz, als jemand, der im Urlaub auch mal mehrere Regentage im Wohnmobil verbringen muss.)
- ▷ Ist eine hohe Zuladung nötig (weil Sie z. B. viel Ausrüstung für Ihr Hobby mitnehmen wollen)?

▷ Soll das Mobil eine bestimmte Länge/Höhe/Breite nicht überschreiten (z. B. weil noch ein Anhänger angehängt wird, auf dem Stellplatz vor Ihrem Haus nur begrenzt Platz ist …)?

▷ Welches Wohnmobil dürfen Sie überhaupt fahren? Schauen Sie in Ihren Führerschein. Ist es schon der neuere? Bei allen Pkw-Führerscheinen, die nach dem 1.1.1999 ausgestellt worden sind, dürfen Sie nur Fahrzeuge bis 3,5 t zulässiges Gesamtgewicht fahren. Für Fahrzeuge mit einem höheren zulässigen Gesamtgewicht benötigen Sie einen Führerschein der Klasse C. Der „alte“ Pkw-Führerschein bis Ende 1998 erlaubt Ihnen, Fahrzeuge bis 7,5 t zulässiges Gesamtgewicht zu fahren.

Die Entscheidung für ein Modell

Wohnmobile können Sie grob in vier Kategorien einteilen:

▷ Alkovenmobile: Dieser Fahrzeugtyp mit einer Schlafkabine über dem Fahrerhaus ist eigentlich der Inbegriff des Wohnmobils und auf jedem Schild, das auf Wohnmobile hinweist, abgebildet.

▷ Vollintegrierte: Bei diesem Modell wird der komplette Aufbau vom Wohnmobilhersteller produziert. Das eigentliche Fahrzeug verschwindet in dem busähnlichen Aufbau

▷ Teilintegrierte: Bei diesem Typ können Sie das Basisfahrzeug erkennen und erst hinter der Fahrerkabine ist der Wohnmobilaufbau angefügt.

Typische Form eines Alkovenmobils (d)

▷ Ausgebaute Kastenwagen: Hier wird die Einrichtung in einen Lieferwagen eingebaut.

Dann gibt es noch Zwitter zwischen Wohnwagen und Wohnmobil:

▷ Der Pick-up-Camper: Hier wird eine Wohnkabine auf die Ladefläche eines Transporters montiert. Sie kann zu Hause oder am Reiseziel abgenommen werden.

Für Sie beginnt nun die Qual der Wahl, darum erklären wir im Folgenden die wichtigsten Unterschiede, Vor- und Nachteile.

Alkovenmobile

Sie bieten den meisten Platz auf kurzem Grundriss, weil zwei Personen normalerweise im Alkoven über dem Fahrerhaus schlafen und so der komplette hintere Bereich zum Wohnen übrig bleibt, wenn Sie zu zweit unterwegs sind. Aber natürlich gibt es sie auch wesentlich größer: Bis zu neun Schlafplätze sind möglich. Auch neun Gurtplätze werden von (wenigen) Herstellern (als Sonderausstattung) angeboten. Bei so vielen Menschen in einem Mobil können Sie aber nur auf gutes Wetter hoffen, sonst gehen Sie sich schnell auf die Nerven. Und am Tisch kann es durchaus auch eng werden.

Entscheidender Nachteil bei dieser Aufbauart ist die Windanfälligkeit. Aerodynamisch sind Alkovenmobile die schlechteste Wahl.

Die Preise für diese Fahrzeuge beginnen bei etwa € 35.000.

Hier einige häufig vorkommende Grundrisse:

Ein sehr großzügiges Alkovenmobil mit Einzelbetten im Alkoven, Raumbad und großer Rundsitzgruppe im Heck (d)

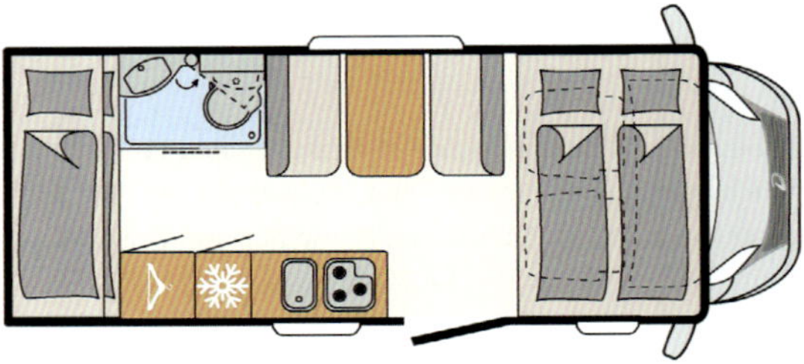

Hier mit Querbetten im Alkoven und Etagenbetten im Heck (d)

Vollintegrierte Wohnmobile

Dieser Typ war lange Zeit die Luxusklasse der Wohnmobile. Inzwischen gibt es Vollintegrierte aber auch für mittlere Budgets. In diesen Mobilen können Sie in einem Hubbett im Fahrerhaus über den umgeklappten Sitzen schlafen. (Dies lässt sich bei einigen Herstellern auch durch Dachstauschränke ersetzen, wenn Sie doch nur zu zweit reisen und lieber in den hinteren Betten schlafen.) Üblicherweise gibt es noch zusätzliche Schlafplätze, entweder im Heck fest eingebaut als Queens-, Längs- oder Querbett oder als zusätzliches Hubbett hinten über der Rundsitzgruppe. Bei den hinten fest eingebauten Betten werden immer der umge-

Bei einem vollintegrierten Wohnmobil ist nicht mehr zu erkennen, von welchem Hersteller der Motor stammt (d)

drehte Fahrer- und Beifahrersitz in die Sitzecke integriert, die dadurch für größere Menschen nicht mehr besonders bequem ist, weil der Fahrersitz wegen des Lenkrads nicht so weit zurückgeschoben werden kann.

Durch den in sich geschlossenen, busähnlichen Aufbau sind integrierte Mobile vor allem vorn wesentlich besser isoliert als alle anderen Wohnmobiltypen. Sogar die Seitenscheiben im „Fahrerhaus“ werden isoliert angeboten. Nur die Frontscheibe müssen Sie an sehr kalten Wintertagen noch zusätzlich abdecken.

Eines haben so gut wie alle integrierten Mobile gemeinsam: Der Beifahrer hat vorn keine eigene Tür und muss über die Aufbautür im Wohnteil ein- und aussteigen.

Aerodynamisch liegen diese Mobile im Mittelfeld.

Die Preise beginnen hier bei etwa € 60.000.

Als Grundrisse sind z. B. folgende Varianten möglich:

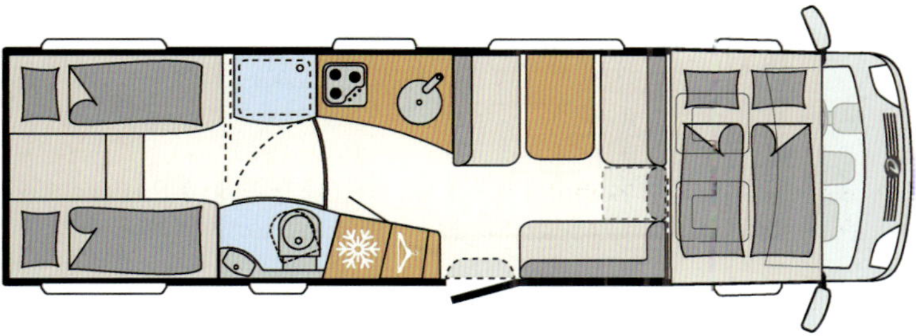

Ein langer Vollintegrierter mit Hubbett vorn und zusätzlichen Einzelbetten im Heck (d)

Hier mit Bad im Heck hinter den Betten (d)

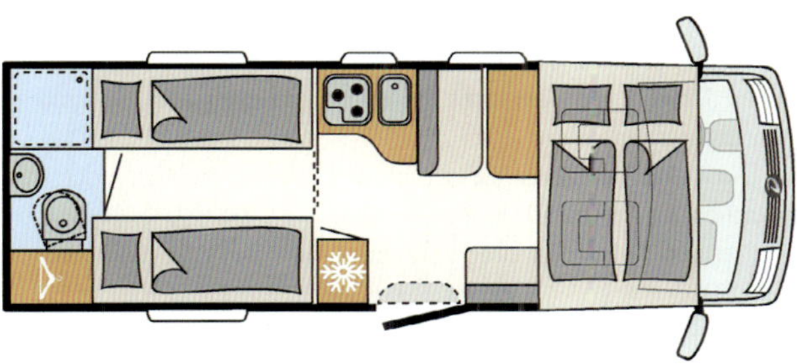

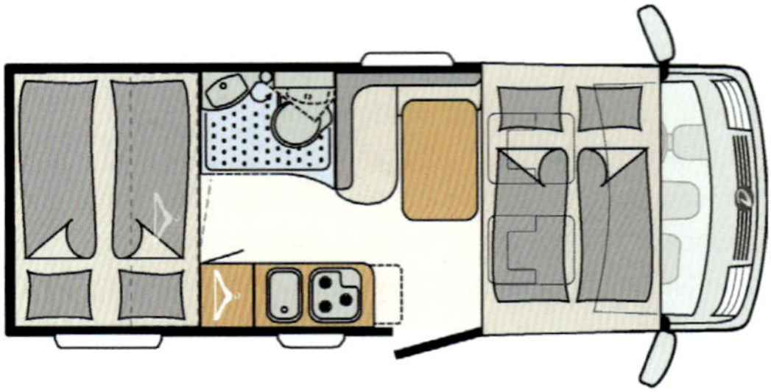

Eine etwas kürzere Variante mit Querbett im Heck und Raumbad (d)

Und hier mit Queensbett hinten (d)

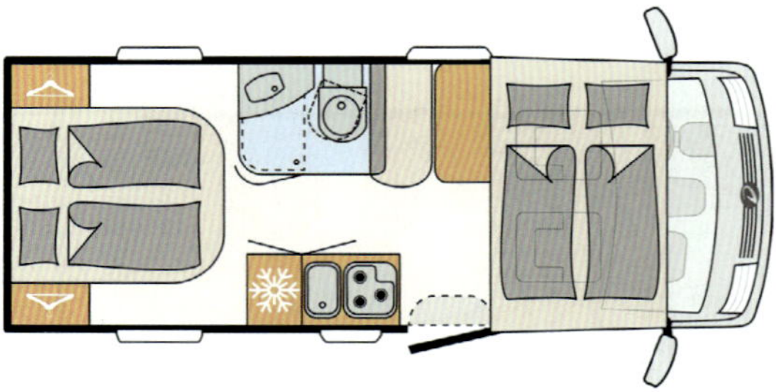

Teilintegrierte Wohnmobile

Dieser Typ ist inzwischen wohl am häufigsten anzutreffen. Vorn ist noch eindeutig der Transporter zu erkennen. Fahrer- und Beifahrersitz werden eigentlich immer in die Sitzgruppe integriert. Grundrisse gibt es inzwischen wie Sand am Meer, auch mit Hubbett über der Sitzgruppe oder der Küche. Feste Betten befinden sich immer im Heck. Es gibt sie von kurzen sechs Metern mit einem Querbett hinten bis zu Längen von über acht Metern mit Winkelküche, separater Dusche und Winkelsitzgruppe vorn.

Die Aerodynamik ist besser als bei Alkovenmobilen oder Vollintegrierten, erreicht aber natürlich kein Pkw-Niveau.

Preislich liegen Teilintegrierte etwa bei den Alkovenmobilen, also ca. ab € 35.000.

Auch hier wieder eine Auswahl Grundrisse mit Vor- und Nachteilen.

Hier erkennt man den Hersteller am Fahrerhaus (d)

Teilintegrierter mit Einzelbetten hinten und Kombibad (d)

Mit Bad hinter den Einzelbetten und Zweierhubbett über der Sitzgruppe (d)

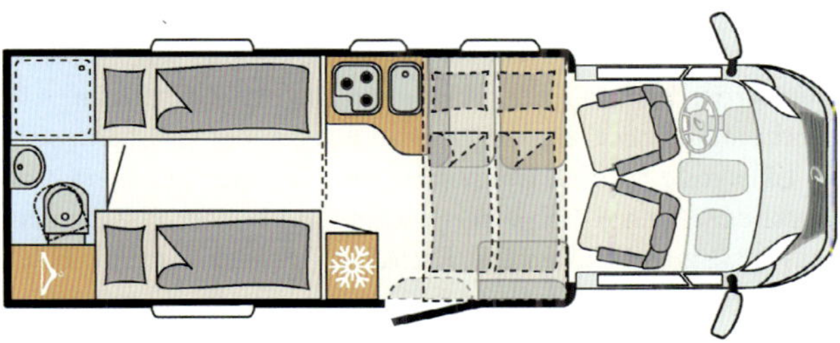

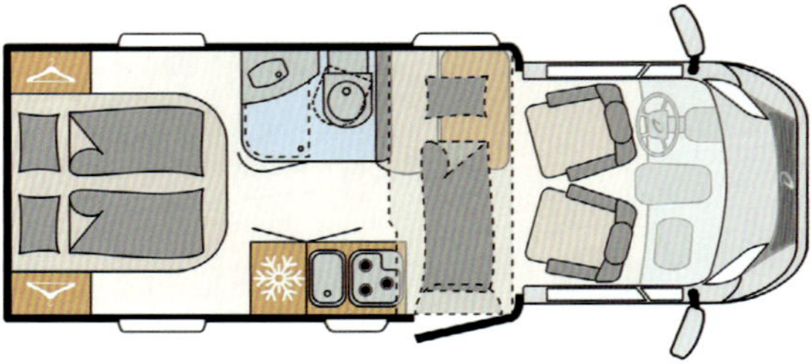

Bei diesem Modell gibt es ein Queensbett hinten und ein Einzelhubbett über der Sitzgruppe. Hier können Sie schön erkennen, dass die Aufbautür blockiert ist, wenn das Hubbett heruntergelassen ist. (d)

Queensbett hinten und Raumbad (d)

Ausgebaute Kastenwagen

Kastenwagen sind die kleinsten und handlichsten Wohnmobile. In ihnen geht es durch die vorgegebene Breite innen fast immer etwas eng zu. Geschlafen wird entweder im Heck in Quer- oder – bei längeren Grundrissen – Längsbetten, manchmal auch noch mit einem zweiten Bett darüber. Üblicherweise kann ein Teil der Lattenroste hochgeklappt werden, um z. B. sperriges Gepäck zu verstauen. Es gibt diese kleinen Mobile aber auch mit Hoch- oder Aufstelldach, dann kann man (z. T. zusätzlich) im Dach schlafen. Tagsüber wird das Bett nach oben geschoben/geklappt, damit man im Auto Stehhöhe hat. Es gibt auch Wagen, bei denen die Hecksitzbank zum Bett aufklappbar ist.

Ein Kastenwagen ist höchstens an der Stufe und den Dachhauben als Wohnmobil zu erkennen (© Pössl)

Ein Sanitärraum ist zwar oft, aber nicht immer vorhanden. Stauraum ist meist, vor allem in der Küche, knapp. Die Isolierung lässt fast immer zu wünschen übrig und ist nicht mit der eines „richtigen" Wohnmobils vergleichbar. Dafür passt das Auto (ohne Hochdach) in viele Parkhäuser und auf fast alle Pkw-Parkplätze und man benötigt keinen zusätzlichen Pkw.

Die Abnehmerzahlen für diese Art Mobil wachsen rasant und inzwischen ist ein Kastenwagen bei jedem Wohnmobilhersteller im Programm. Erstaunlicherweise lassen sich auch auf diesen wenigen Quadratmetern unterschiedliche Grundrisse realisieren, die aber allesamt nicht das Gefühl vermitteln, in einem Ballsaal unterwegs zu sein.

Die Aerodynamik hängt von der Dachhöhe ab. Mit einem Bett im (Hoch-) Dach ist er natürlich windanfälliger als bei „normaler" Höhe oder mit einem Aufstelldach.

Auch wenn diese Wagen klein sind: Die Preise sind es nicht entsprechend. Unter € 35.000 ist eher nichts Neues zu bekommen. Und nach oben erreichen die Preise durchaus einen sechsstelligen Bereich.

Die folgenden Grundrisse zeigen, wie das Innere eines Kastenwagens aussehen kann.

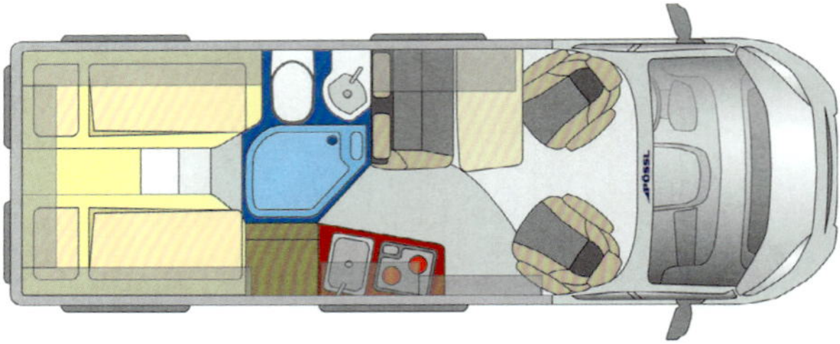

Großzügig mit Einzelbetten und Bad, das zum Duschen in den Durchgang zum Bett erweitert werden kann (© Pössl)

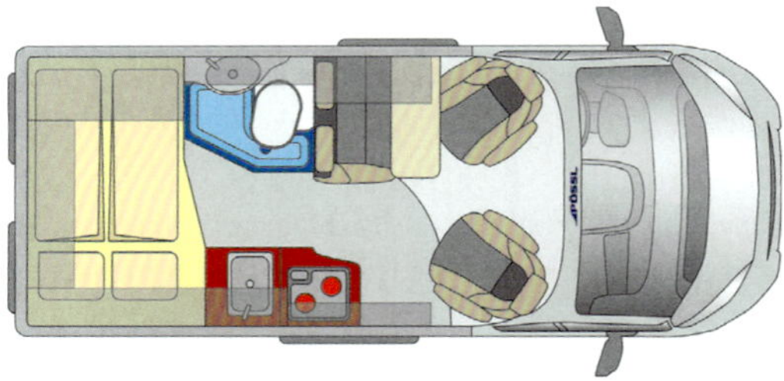

Der typischste Kastenwagenausbau mit Querbett hinten (© Pössl)

Hier wird im Hoch- oder Faltdach geschlafen, das Bad liegt quer im Heck (© Pössl)

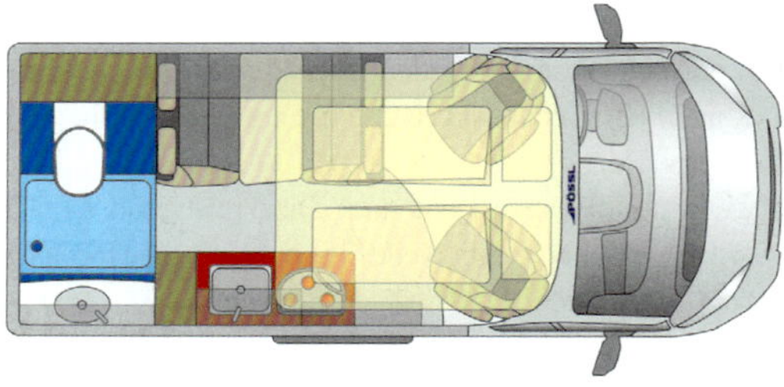

Pick-up-Mobil von Tischer (© Tischer)

Pick-up-Camper

Die Pick-up- Kabine wird hinten auf einem Transporter befestigt. Geschlafen wird immer in einem Alkoven, der über die Fahrerkabine des Transporters ragt. Je nach Länge der Kabine finden Sie hinten eine mehr oder weniger große Sitzgruppe, eine Küche, manchmal einen Kleiderschrank und ein Bad. Die Kabine hat keinen Durchgang zum Fahrerhaus, man muss immer außen herumgehen. Durch den hohen Schwerpunkt wankt das ganze Auto beim Fahren ziemlich hin und her. Dafür können Sie die Kabine absetzen und das Auto für Ausflüge verwenden. Die Kabine ist auch abgestellt nutzbar. Die Grundrisse gleichen sich alle sehr. Es gibt einige Sonderformen (mit Slide-Out, Faltdach etc.). Während sie in Amerika sehr häufig zu finden sind, fristen sie in Europa eher ein Schattendasein. Die Preise für eine Kabine beginnen bei etwa € 20.000.

Beispiel für einen Grundriss:

Typischer Grundriss einer Pick-up-Kabine (© Tischer)

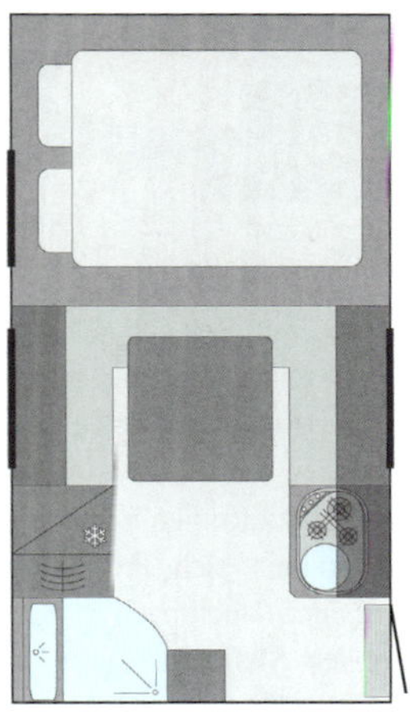

Seit einigen Jahren sind sogenannte **Campingboxen** auf dem Markt, die man zum Urlaub in sein Fahrzeug (Hochdachkombi oder Bus) hineinstellt – sie enthalten üblicherweise Bett, Kocher, Kühlbox und Stauraum. Dadurch entsteht natürlich kein vollwertiges Wohnmobil, aber kombiniert mit einem Zelt, das man über die Heckklappe ziehen kann, ist es eine tolle Sache. Das Auto steht Ihnen außerdem außerhalb des Urlaubs ganz normal zur Verfügung. Und bei Preisen ab gut € 2.000 können Sie vielleicht Ihre Campingtauglichkeit erst einmal testen.

BusBox von Ququq (© Ququq)

📖 „Vom Pkw zum Minicamper – Campingboxen · Dachzelte · Teardrops" von Jörg Remus, Basiswissen für draußen, Conrad Stein Verlag, ISBN 978-3-86686-633-1, Neuerscheinung 2019

Alle Bauformen bekommen Sie natürlich nicht nur „von der Stange", sondern Sie können sich Ihr Wunschmobil bei passendem Geldbeutel bei diversen Ausbauern auch nach Maß schneidern lassen. Letzteres ist z. B. bei Expeditionsmobilen Standard. Diese werden eigentlich nur auf Kundenwunsch gefertigt. Rechnen Sie aber mit Wartezeiten von z. T. mehreren Jahren!

Noch ein Hinweis zu den Preisen: Die unteren Werte sind absolute Einsteigerpreise. Erwarten Sie dafür keine Qualität. Küchenschränke ohne Auszüge, dünne Matratzen, wackelige Scharniere, quietschende Möbel und andere Unzulänglichkeiten sind eher die Regel als die Ausnahme. Und schauen Sie beim Kauf genau hin: Sechs Sitzplätze bedeuten nicht automatisch auch sechs Gurtplätze. Es gibt Fahrzeuge mit mehr Sitzplätzen und Schlafmöglichkeiten als Gurtplätzen. Nach oben gibt es bei so gut wie keinem Typ eine Preisgrenze: Auch über € 1.000.000 können Sie für ein Wohnmobil – dann aber immerhin komplett nach Ihren Wünschen ausgebaut – auf den Tisch legen.

Kostenübersicht

Anschaffung

Bei einem Neukauf sollten Sie ungefähr mit folgenden Kosten rechnen (Beispielkosten gehobene Qualität, teilintegriertes Wohnmobil mit mindestens empfohlenem Zubehör):

- ▷ Fahrzeug ca. € 70.000
- ▷ Markise ca. € 1.500
- ▷ Satellitenschüssel mit Fernseher ca. € 4.000
- ▷ Auffahrkeile ca. € 30

Betriebskosten/Jahr

Wie viel Sie für die **Versicherung** zahlen müssen, hängt natürlich von Ihrem persönlichen Schadenfreiheitsrabatt ab. Einige Versicherungen haben sich auf Wohnmobile spezialisiert und bieten gute Preise an. Ihr Händler kann Sie beraten oder Sie schauen sich gleich auf den entsprechenden Messen um, dort sind diese Unternehmen auch vertreten. Rechnen Sie bei einem mittleren Schadenfreiheitsrabatt mit € 1.200 für Haftpflicht mit Vollkasko.

Die **Steuern** richten sich nach der Schadstoffklasse und dem zulässigen Gesamtgewicht. Für Wagen mit mindestens S 4 und einem zulässigen Gesamtgewicht von 3,5 t zahlen Sie jährlich ca. € 310.

Das Wohnmobil muss wie alle Fahrzeuge zur **Inspektion**. Die Intervalle sind vom Fahrzeug abhängig. Fragen Sie den Händler, wie es bei Ihrem Wunschmobil aussieht, und berücksichtigen Sie die entstehenden Kosten, die je nach Fahrzeug und durchgeführten Arbeiten extrem variieren können (von ca. € 280 bis über € 600), in Ihrer Kalkulation.

Natürlich muss auch ein Wohnmobil zum **TÜV**, bis 3,5 t wie Ihr Pkw auch (beim ersten Mal nach 36 Monaten, danach alle 24 Monate). Über 3,5 t gelten andere Fristen: alle 24 Monate, nach sechs Jahren jedes Jahr. Die Gebühren variieren je nach Bundesland und prüfendem Unternehmen. Rechnen Sie mit ca. € 50 bis € 60 pro Prüfung.

Wenn Sie Ihr Wohnmobil nur den Sommer über nutzen möchten, können Sie auch ein Saisonkennzeichen beantragen. Für die Zeit, in der Sie das Wohnmobil nicht nutzen, sparen Sie Steuern und Versicherung. **Aber**: Während dieser Zeit darf es auch nicht auf öffentlichen Flächen/Parkplätzen abgestellt werden, d. h., Sie benötigen einen Platz zum Abstellen und der kostet in der Regel auch Geld, wenn Sie auf Ihrem Grundstück keinen Platz für das Wohnmobil haben.

Neu oder gebraucht kaufen?

In erster Linie wird über diese Frage wohl Ihre finanzielle Situation entscheiden. Wenn Sie sich neu nur Einsteigermodelle leisten können, kann der Kauf eines hochwertigeren gebrauchten Mobils die bessere Lösung sein. Mit günstigen Mobilen, die oft nicht einmal genug Zuladung haben, werden Sie unter Umständen nicht die besten Erfahrungen machen. Aber das ist allein Ihre Entscheidung. Für einen einmaligen vierwöchigen Urlaub lohnt sich ein Kauf kaum, aber als künftiger Wohnmobilist werden Sie den Wagen sicher häufiger nutzen wollen.

Neu kaufen

Kaufen Sie möglichst zum Saisonende, also im Herbst oder Winter. Händler bekommen die neuen Modelle des kommenden Jahres herein und brauchen den Platz. Gute Rabatte sind dann möglich, vor allem wenn kein Gebrauchter in Zahlung genommen werden muss. Hier können Sie Ihr Mobil auch sofort mitnehmen.

Von Herbst bis Frühjahr finden viele Reisemessen statt, auf denen die neuen Modelle angeboten werden. Größte und bekannteste dieser Art ist der Caravan Salon in Düsseldorf in der letzten August-/ersten Septemberwoche. Auf dieser Messe können Sie die einzelnen Typen vergleichen und werden von der Vielfalt erschlagen sein. Oft werden die Ausstellungsstücke zum „Messepreis" angeboten, d. h., ein Rabatt auf den Listenpreis ist drin. Bedenken Sie aber, dass bei einem Händler, der weit von Ihnen entfernt ist, bei eventuellen Reklamationen teure und zeitraubende Anfahrten nötig werden können. Ein vermeintliches Schnäppchen kann dadurch ordentlich ins Geld gehen. Generell haben viele neue Modelle gefragter Hersteller lange Lieferzeiten. Die können durchaus ein halbes bis ein ganzes Jahr betragen.

Auch gut geeignet zum Informieren ist die CMT in Stuttgart, nach dem Caravan Salon in Düsseldorf die zweitgrößte Messe in Deutschland. Sie findet jährlich Mitte Januar statt.

Interessant ist auch die Hymer World an der A3 kurz hinter Würzburg Richtung Frankfurt (beim Wertheim Village). Dort stellen alle zur Hymer-Gruppe gehörenden Hersteller (Bürstner, Carado, Dethleffs, Hymer, Laika, LMC, Niesmann & Bischoff, Sunlight) ihre Wagen aus. Das gibt schon einen guten Überblick über die auf dem Markt befindlichen Wagen (und das sogar kostenlos). Angeschlossen ist auch ein Stellplatz zur Übernachtung.

Wenn Sie sich für ein Mobil entschieden haben, sind Sie aber noch lange nicht fertig! Was auf den Messen und Ausstellungen gezeigt wird, hat fast immer einiges an Sonderausstattung an- bzw. eingebaut. Wenn Sie ein Mobil bestellen, muss das extra mitbestellt und natürlich auch bezahlt werden. Der Mitarbeiter des Autohauses, der Ihnen den Wagen verkauft, kommt mit einer langen Liste möglicher Extras: von einem größeren Dieseltank, den Sie schon für unter € 100 ordern können, bis hin zu einem Chassispaket mit einem größeren Motor, Tempomat, Klimaanlage, Zierleisten u. v. m oder einer Vollluftfederung für um die € 10.000.

Schauen Sie vorher schon mal in den Preislisten im Internet nach und überlegen Sie sich, was wirklich sinnvoll ist und was Sie brauchen werden. Nach unseren Erfahrungen kommen Sie um folgende Dinge nicht herum (bei höherpreisigen Mobilen ist das auch oft in der Serienausstattung enthalten):

- ▷ falls nicht serienmäßig eingebaut: eine Klimaanlage im Fahrerhaus sowie Fahrer- und Beifahrerairbag, oft als Paket mit anderem Zubehör (Tempomat, Radiovorbereitung, ESP), Kosten: ca. € 2.000 bis 3.000
- ▷ Fliegengitterplissee an der Aufbautür, denn nur das verhindert ziemlich zuverlässig das Eindringen von Insekten. Kosten: ca. € 380
- ▷ Verdunklungsplissees für die Front- und Seitenscheiben im Fahrerhaus. Sie möchten sicher nicht, dass jeder Vorbeigehende Passant einen Blick in Ihr „Wohnzimmer" werfen kann. Außerdem können Sie zum Schlafen das Licht der Straßenlaternen oder die Mitternachtssonne in Skandinavien

aussperren. (Dachluken und Seitenfenster haben eigentlich immer Insektenschutz und Verdunklung als Serienausstattung.) Kosten: ca. € 600

- ▷ Eine Markise werden Sie ebenfalls ganz bestimmt brauchen. Kosten: je nach Länge ca. € 1.000 bis 1.800
- ▷ DuoControl mit EisEx für die Gasanlage, denn nur damit dürfen Sie während der Fahrt den Kühlschrank oder die Heizung mit Gas betreiben (☞ Die Technik, Gasanlage). Kosten: ca. € 350

Je nach persönlichen Vorlieben kommen unter Umständen weiterhin hinzu:

- ▷ Solaranlage (☞ Die Technik, Solaranlagen), Kosten: je nach Größe und Zubehör ca. € 1.500 bis 2.000
- ▷ Satellitenschüssel und Fernseher (☞ Die Technik, Fernseher), Kosten: als Paket ca. € 4.000
- ▷ Radträger, Kosten: je nach Fahrzeug und Anzahl der transportierten Räder ca. € 200 bis 800)
- ▷ fest eingebauter Gastank/Gastankflaschen (☞ Die Technik, Gasanlage), Kosten: ca. € 650 (Flaschen) bis € 2.500 (fester 50-l-Tank)
- ▷ elektrisch ausfahrbare Trittstufe (Wenn nötig, ist sie eigentlich serienmäßig eingebaut, aber wenn das Fahrzeug zum Beispiel mit Hydraulikstützen oder Auffahrkeilen an der Seite angehoben wird, an der der Eingang ist, auch sinnvoll, wenn die Eintrittsstufe eigentlich nicht notwendig wäre bzw. zu einer doppelten statt einfachen gegriffen würde.) Kosten: ca. € 400
- ▷ bei viel Stauraumbedarf: Dachreling, Kosten: ca. € 160 plus Montage, Dachbox, Kosten: um die € 500, und Heckleiter, Kosten: ca. € 150 plus Montage
- ▷ Anhängerkupplung, Kosten: ca. € 1.500
- ▷ Wohnraumteppiche, Kosten: je nach Größe des Mobils ab ca. € 350 bis € 1.000
- ▷ Ventilator für den Kühlschrank, Kosten: ca. € 120
- ▷ zusätzliche Steckdosen, Kosten: je Steckdose ca. € 100
- ▷ Backofen, Kosten: ca. € 900

Natürlich gibt es noch viel mehr – Zierkissen passend zu den Polstern, eine Außendusche, größere/zusätzliche Frischwassertanks, Klimaanlagen für den Aufbau, Tresor, Wechselrichter u. v. m.

☺ Lassen Sie sich eine ausführliche Einweisung geben, bevor Sie mit dem neuen guten Stück vom Hof des Händlers fahren. Am besten sollte eine zweite Person dabei sein, denn vier Augen sehen mehr und vier Ohren hören bekanntlich mehr als zwei. Lassen Sie sich die Funktionsweise und den Betrieb jedes Gerätes genau erklären und auch zeigen, wo sich jedes Objekt befindet. Leider sind die mitgelieferten Bedienungsanleitungen – sowohl für das Basisfahrzeug als auch für den Wohnmobilaufbau – manchmal derart haarsträubend nichtssagend und simpel geschrieben, dass sie nicht zu gebrauchen sind.

☺ Egal, für welches Modell/welchen Grundriss Sie sich entschieden haben: Wenn Sie darüber nachdenken, ein neues Mobil zu kaufen, sollten Sie versuchen, sich ein Fahrzeug mit dem gleichen Grundriss vor Unterschrift mal für eine Urlaubswoche auszuleihen. Wir haben die Erfahrung gemacht, dass Dinge, die beim Anschauen begeisterten, sich später bei der Nutzung als nicht besonders praktisch herausstellten.

Gebraucht kaufen

☺ Gebrauchte Mobile haben manchmal bereits sehr viel Zubehör eingebaut, für das Sie in aller Regel nicht viel Aufpreis gegenüber einem Basismodell zahlen müssen.

Prüfen Sie die Angebote in der Tageszeitung, bei Händlern, in Fachzeitschriften (z. B. Promobil) oder im Internet. Wie beim Neukauf sollten Sie im Herbst zuschlagen. Gewerbliche Vermieter verkaufen ihre Fahrzeuge oft schon nach nur einem oder zwei Jahren Laufzeit, um eventuell auftretende Reparaturen zu vermeiden. Die Fahrzeuge werden zwar in dieser Zeit werkstattbetreut, sind aber von verschiedenen Mietern gefahren worden, was dem Inneren und Äußeren manchmal nicht gut bekommt.

Günstiger zu erwerben sind gebrauchte Modelle kleiner Hersteller – weil diese unbekannt sind und noch keinen Namen haben. Leider kann das natürlich auch ein Nachteil sein, wenn Sie sie wieder verkaufen wollen.

✋ Vorsicht beim Kauf von selbst ausgebauten Mobilen. Kaufen Sie nur, wenn Sie beurteilen können, ob handwerkliches Geschick, Liebe und Fachwissen vorhanden waren.

Wenn Sie sich ein gebrauchtes Wohnmobil ansehen wollen, sollten Sie jemanden mitnehmen, der zumindest etwas Erfahrung entweder mit Autos im Allgemeinen oder mit Wohnmobilen im Speziellen hat. Achten Sie auf folgende Punkte:

▷ Checken Sie den Motorraum (verölt, verdreckt?) nebst Kühler (rostig?) und den Unterboden auf Rost oder Verfall sowie bei einer Probefahrt die Bremsen, Lenkung (Spiel, Geradeauslauf), Kupplung und Stoßdämpfer.

▷ Öffnen Sie jede Klappe und jede Schranktür (achten Sie auf die Scharniere und Verriegelungen), prüfen Sie die Wohnraumbatterie, die Elektrik nebst Lampen und die Fensterdichtungen, schauen Sie aufs Dach (Hagelschaden?) und kontrollieren Sie die Dachklappen nebst Dichtungen, Sat-Schüssel, Leiter und Reling. Prüfen Sie auch alle Profilleisten am Außenaufbau. Verrostete Schrauben und poröse Dichtgummis können schnell zur Eintrittsstelle für Wasser werden.

▷ Testen Sie alle Geräte in der Wohnkabine und lassen Sie sich deren Funktion zeigen. Lassen Sie sich den Kühlschrank mit 230 Volt, Gas und 12 Volt bei laufendem Fahrzeugmotor vorführen. Schalten Sie die Heizung und den Boiler ein und warten Sie, ob Warmluft und Warmwasser ankommen. Checken Sie auch, ob die Wasserpumpe gleichmäßig warmes und kaltes Wasser fördert.

▷ Lassen Sie sich den Frischwassertank zeigen und schauen Sie, ob sich darin Algen gebildet haben. Diese können durch Reinigung mit geeigneten Mitteln aber entfernt werden. Inspizieren Sie bei der Trinkwasseranlage nicht nur den Tank, sondern auch – soweit sichtbar – die Schläuche. Haben diese schwarze Flecken, ist das ein Zeichen starker bakterieller Verunreinigung. Schlägt Ihnen gar ein leichter Geruch nach Dieselkraftstoff entgegen, ist das ein Zeichen dafür, dass die Anlage falsch betankt wurde. In diesem Zustand ist die Anlage ohne aufwendige Reinigung nicht zu gebrauchen – also lieber Finger weg oder kräftig herunterhandeln!

▷ Funktioniert das Kontrollpanel mit den Anzeigen für Wasserstand, Batterieladung usw.?

▷ Testen Sie die WC-Spülung und prüfen Sie die Toilettenkassette auf eventuelle Schäden.

▷ Sehen Sie sich den Boden der Duschwanne genau an und prüfen Sie, ob eventuell winzige Risse vorhanden sind. Dies ist ein Zeichen dafür, dass schon beim Einsetzen der Wanne nur unzureichend unterfüttert wurde.

▷ Inspizieren Sie auch die Toilettenkassette. Riecht sie in leerem Zustand, ist das ein Zeichen fehlender Pflege.

▷ Lassen Sie sich (sofern vorhanden) die Markise, Sat-Anlage nebst Receiver und TV, ausfahrbare Stützen, Außendusche und Solaranlage erklären und vorführen.

▷ Fragen Sie den Verkäufer nach Unfällen (und lassen Sie sich ggf. ein „unfallfrei" im Kaufvertrag auch bestätigen).

▷ Lassen Sie sich TÜV- und Gasprüfbescheinigung vorlegen (beide sind alle zwei Jahre fällig, ab 3,5 t müssen Sie nach dem sechsten Jahr jährlich zum TÜV).

▷ An der Außenhaut oder den Fenstern sollten kleine Kratzer nicht ins Gewicht fallen. Allerdings Hände weg beim berüchtigten Alufraß.

▷ Die Bodenplatte des Aufbaus besteht bei älteren Wohnmobilen aus einer gedämmten Holzplatte, die mit Unterbodenschutz versiegelt ist. Prüfen Sie durch Daumendruck, ob der Boden fest ist und ob es hier keine morschen Stellen gibt.

Muffiger Geruch im Inneren ist nicht nur ein Zeichen von Feuchtigkeit und Schimmelpilzen, sondern auch von genereller Unsauberkeit und Ungepflegtheit (durch Rauchen, Hund, Katze). Besonders aus Polstern und Gardinen sowie aus dem Kühlschrank lässt sich so etwas kaum entfernen.

Ein beispielsweise zehn Jahre altes Wohnmobil hat oft nicht viele Kilometer auf dem Tacho. Aber Vorsicht – je älter, desto höher die Kfz-Steuer, der Spritverbrauch und auch die Schadstoffklasse. Hohe Schadstoffklasse bedeutet im schlimmsten Fall eine rote Umweltplakette und sind ohne Nachrüstung damit die Zentren von etwa 40 Städten in Deutschland tabu (☞ Abgas und Euronorm).

✋ Private Verkäufer können eine Haftung generell ausschließen, während Händler eine gesetzliche einjährige Sachmängelhaftung übernehmen müssen. Einige Händler versuchen dies mit einem gewerblichen Kaufvertrag zu umgehen, indem sie dem Käufer ein Gewerbe (beispielsweise eine Vermietung) unterstellen. Es ist schon vorgekommen, dass der Zusatz „Soll als Mietmobil Verwendung finden" hinterlistig in den Vertrag hineingemogelt wurde.

Das Wohnmobil

(d)

Der Aufbau

Bei der Außenhaut des Aufbaus haben Sie meist die Wahl zwischen GFK (glasfaserverstärktem Kunststoff) und Aluminium. GFK ist widerstandsfähiger gegen Hagel und wird deshalb oft für das Dach verwendet (in Kombination mit Aluminiumseiten), es gibt aber auch Modelle komplett aus GFK. Bei Schäden lässt sich dieses Material leichter reparieren als Aluminium, es ist allerdings auch teurer. Gegen schnelle Verschmutzung gibt es auch schon eine Nanoversiegelung.

Egal ob Aluminium oder GFK, die Wände sind aus „Sandwichplatten" geformt, die innen eine Isolierschicht haben. Zum Innenraum hin sind sie mit Möbeldekorplatten oder mit stoffbezogenen dünnen Aluplatten beschichtet. Zur Versteifung der Platten werden Aluprofile oder Holzlatten eingesetzt. Bei Holz ist natürlich die Gefahr, dass sie verrotten, wenn Feuchtigkeit eindringt, größer.

Als Fußboden wird eine Sandwichplatte mit innenliegender Isolierung verwendet. Für Wintercamping geeignete Wagen haben manchmal sogar eine Fußbodenheizung.

Die Fenster und Dachhauben bestehen aus doppeltem Acryl oder Glas mit einer dazwischenliegenden isolierenden Luftschicht. Alle haben inzwischen Plissees oder Rollos und Fliegengitter, die Sie zum Schutz gegen Insekten oder zum Verdunkeln zuziehen können. Schön und sinnvoll sind sogenannte Panoramahauben in der Decke, die viel Licht (und in geöffnetem Zustand auch Luft) in den Wagen bringen. Einfachere Hauben mit Zwangsentlüftung befinden sich meist noch im Bad.

Die Inneneinrichtung

Sitzgruppe

Je nach Aufbau gibt es unterschiedliche **Sitzgruppen**:

Die **Dinette** – zwei sich gegenüberliegende Bänke mit einem Tisch dazwischen – ist meist bei Alkovenmobilen zu finden. Oft ist sie mit einer längeren Bank auf der gegenüberliegenden Seite kombiniert und zum Schlafplatz umbaubar.

Üblich bei Vollintegrierten, Teilintegrierten und ausgebauten Kastenwagen ist eine **Sitzgruppe**, in die die beiden Vordersitze – umgedreht – integriert werden. Besonders schick sieht es aus, wenn gegenüber den Fahrerhaussitzen eine

Typische Dinette im Alkovenmobil, Fahrer- und Beifahrersitz werden nicht mitgenutzt (d)

Die Dinette lässt sich fast immer auch zum Bett umbauen, oft als Sonderausstattung (d)

Ecksitzgruppe eingebaut ist. Wir haben allerdings die Erfahrung gemacht, dass die nur gut aussieht. Auf dem längeren Teil der Bank kann wegen des Winkels nur eine Person bequem sitzen und die kurze Seite ist meist nur so tief, dass sich höchstens ein Kind wohlfühlt. Wenn auf der längeren Bank beide Gurtplätze benötigt werden, muss die kurze Seite ab-/umgebaut werden. Außerdem hat derjenige, der auf dem umgedrehten Fahrer-

Auf dem rechten Schenkel der Sitzgruppe fühlen sich höchstens kleine Kinder wohl, trotzdem behindert er den zweiten Gurtsitzplatz (d)

sitz sitzt, kaum noch Platz für die Beine. Vielleicht nicht ganz so schön, aber wesentlich praktischer ist eine einfache **Sitzbank** gegenüber den vorderen Sitzen. Hier sitzen auch zwei Personen bequem. Wenn es sich nicht um ein ganz kleines Fahrzeug handelt, gibt es noch einen Sitz auf der rechten Seite des Mobils. Der Tisch ist üblicherweise verschieb-/drehbar oder kann mithilfe einer Auszugsplatte verlängert werden. Mit Sonderausstattung kann die Sitzgruppe auch zum zusätzlichen Bett umgebaut werden.

Ohne Ecke ist der zweite Gurtplatz jederzeit nutzbar und der Fahrer hat Platz für seine Beine (d)

Eine Hecksitzgruppe ist nur im Alkovenmobil oder in einem vollintegrierten Wohnmobil möglich (d)

Relativ neu, noch selten, aber sehr großzügig ist eine **Rundsitzgruppe** im Heck. Dies ist natürlich nur möglich, wenn irgendwo vorn im Hubbett oder Alkoven geschlafen wird, also nur bei Vollintegrierten oder Alkovenmobilen. Auch diese Sitzgruppe lässt sich zum Bett umbauen.

Bett

Es ist in allen möglichen Varianten zu finden.

In Alkovenmobilen wird natürlich im Alkoven geschlafen – meistens quer, ganz selten auch in zwei Längsbetten. Zusätzliche Betten im Heck sind üblich.

Das **Längsdoppelbett** befindet sich hinten an einer Seite des Mobils, daneben liegt eigentlich immer das Bad. Der an der Wand schlafende Partner muss zumindest immer über die Füße des Partners klettern, wenn er nachts mal raus muss.

Ein **Querbett** (📷 rechts oben) hinten ist oft in erhöhter Position angebracht, damit eine hohe Garage darunter passt. Das bedeutet noch mehr Kletterei für den hinten Schlafenden: erst über den Partner und dann noch eine Leiter hinunter.

Querbett im Heck: Der hinten Liegende muss über den vorn Liegenden hinüberklettern (d)

Etagenbetten im Heck kommen in der Regel nicht als einzige Betten, sondern in Verbindung mit Alkoven- oder Hubbett vorn vor. Das ist besonders für Familien praktisch. Beim unteren Bett lässt sich normalerweise der Lattenrost zur Vergrößerung der Garage hochklappen.

Diese drei Versionen lassen einen relativ kurzen Grundriss zu und sind daher meist auch in kleineren Wohnmobilen zu finden. Bequemer sind folgende Schlafmöglichkeiten, die aber kaum auf Grundrissen unter 7 m zu finden sind:

Einzelbetten im Heck mit Stufen zum bequemen Hochsteigen (d)

Einzelbetten im Heck sind zwar auch oft hoch, haben aber bequeme Stufen, um hochzusteigen – sofern man nicht das meist vorhandene mittlere Auszugsteil nutzt, um eine riesige, über 2 m breite Liegewiese zu haben. In den Stufen ist oft auch noch Stauraum für alles Mögliche. Die erhöhte Position ermöglicht eine riesige Garage. Unter den Fußenden der Betten befinden sich normalerweise die Kleiderschränke.

Ein **Queensbett** im Heck ist etwa 1,35 bis 1,5 m breit und bis zu 2 m lang und befindet sich hinten in der Mitte mit dem Kopfende zur Rückseite des Wohnmobils. Rechts und links davon finden Sie üblicherweise zwei schmale

Hier ein Queensbett mit je einem schmalen Kleiderschrank rechts und links (d)

Das Hubbett über der Sitzgruppe in einem Teilintegrierten verhindert die Benutzung der Aufbautür (d)

Kleiderschränke. Die Ecken an den Fußenden der Betten sind abgerundet, damit Sie bequem herumgehen können. Manchmal sind diese Betten zugunsten der Garage darunter höhenverstellbar. Oft kann man das Fußteil hochklappen und hat darunter Stauraum oder es gibt große Schubladen an der Stelle.

Es gibt auch Queensbetten, die hinten quer im Wohnmobil – mit dem Kopfende zu einer Seitenwand – stehen. Meist ist diese Form mit einem quer im Heck liegenden großen Bad kombiniert. Diese Einbauart lässt aber keine wirklich große, von beiden Seiten zu öffnende Garage zu.

Selten einzeln, aber häufig als zusätzliches Bett gibt es noch das **Hubbett** über der Sitzgruppe. Dieses gibt es als Einzel- oder Doppelbett. Wenn Sie hiermit liebäugeln (z. B. für die Kinder oder Enkelkinder), denken Sie daran, dass kein Tageslicht durch die Dachhaube über der Sitzgruppe nach unten kommt und dass niemand mehr im Wohnmobil sitzen kann, wenn das Bett heruntergefahren ist. Zum Teil ist sogar die Aufbautür durch das heruntergelassene Bett blockiert. Dann haben Sie nicht einmal die Möglichkeit, sich bei warmem Wetter noch draußen aufzuhalten, wenn die Kinder schon im Bett sind.

Achten Sie bei den Betten, egal wo sie sich befinden, auf eine bequeme, nicht zu dünne Matratze und vernünftige Latten- oder Tellerroste. Und gehen Sie nicht davon aus, dass das Bett immer 2 m lang ist. Von 1,85 m an ist fast alles zu finden.

Bad

Über das Bad scheiden sich die Geister, wie ein Blick in diverse Foren im Internet und Leserzuschriften bei Wohnmobilzeitschriften zeigt. Die einen möchten auf gar keinen Fall auf den Luxus eines perfekten Raumbades verzichten, die anderen benutzen nicht einmal ihre Toilette und die Dusche nur zum Bunkern von Bier- oder Wasserkisten und finden ein Badezimmer fast komplett überflüssig. Wie auch immer: Üblicherweise enthält es ein Waschbecken (manchmal über der Toilette und hochklappbar) und eine Kassettentoilette, bei der die Kassette außen aus dem Wohnmobil herausgezogen und der Inhalt entsorgt werden kann. Eine Duschmöglichkeit ist eigentlich immer vorhanden. Etwas kürzere Mobile müssen sich mit einem Kombibad begnügen, bei dem die Dusche entweder mit Vorhang/Türen abgeteilt wird oder eine Duschkabine dadurch entsteht, dass man

Blick von oben ins Raumbad.
Dusche und Toilette/Waschbecken lassen sich separieren (d)

Im Kombibad teilen sich Dusche und Toilette einen Raum (d)

eine Wand samt Waschbecken über die Toilette schwenkt.

Das Bad befindet sich fast immer im hinteren Teil des Mobils. Nur bei einer Rundsitzgruppe im Heck ist das Bad vorn oder an einer Seite. Bei längeren Mobilen gibt es vor oder hinter den Betten eine separate Dusche gegenüber der Toilette und dem Waschbecken. Meist lässt sich das Ganze per Tür vom Wohnbereich separieren, so haben Sie zusätzlich einen Ankleideraum.

In der Regel gibt es im Bad eine Dachluke, seltener ein Seitenfenster. Schränkchen für Ihre Kosmetika sind immer vorhanden. Bei den Bädern, die neben dem Längsdoppelbett untergebracht sind, gibt es oft auch noch Dachstauschränke für Ersatzhandtücher o. Ä. über der Toilette.

Küche

Auch bei der Küche gehen die Meinungen auseinander: Während die einen ihren Aufenthalt im Wohnmobil zu einem Gourmeturlaub machen, kochen die anderen nur einen Kaffee und machen sich höchstens mal ein Frühstück. Passend zu Ihren eigenen Gewohnheiten sollte die Küche ausgestattet sein.

Üblich sind zwei Arten von Küchen: die Längsküche an

Kleine Längsküche mit wenig Arbeitsplatz (d)

Schöne Winkelküche mit ausreichend Arbeitsplatz (d)

einer Seitenwand und die Winkelküche meist hinter/vor der Sitzgruppe. Beide haben ein zwei- oder dreiflammiges Gaskochfeld und eine Spüle. Bei kleinen Mobilen ist der Kühlschrank unter der Arbeitsplatte eingebaut. Vor allem, wenn zwischen der Küchenzeile und den gegenüberliegenden Schränken nicht viel Platz ist, ist das aber unpraktisch. Sie kriechen ziemlich am Boden, um an den Inhalt zu kommen. Besser ist der Kühlschrank etwas erhöht neben oder gegenüber der Küchenzeile eingebaut, manchmal sogar mit Gefrierfach. Meist als Sonderausstattung gibt es auch noch einen Backofen dazu.

Die renommierten Wohnmobilhersteller versehen ihre Küchenzeile inzwischen mit Auszügen. Schränke mit Türen und Einlegeböden finden Sie nur noch bei den günstigsten Modellen. Aber achten Sie auch bei den Auszügen darauf, dass Sie gut an den Inhalt herankommen. Wir fanden 1 m breite Auszüge, die jedoch nicht zuließen, dass man noch davorstehen konnte, wenn sie ganz ausgezogen waren. Und schauen Sie auch, ob mindestens ein Auszug so hoch ist, dass man Flaschen hineinstellen kann. Wir haben schon einige Wohnmobile gesehen, in denen nicht eine einzige Flasche außerhalb des Kühlschranks sicher senkrecht abgestellt werden konnte.

Etwas mehr Abstellplatz hat man mit einer kleinen ausklappbaren Arbeitsplatte (d)

Praktisch ist eine kleine auszieh- oder ausklappbare Arbeitsplatte. Viel Arbeits- bzw. Abstellfläche finden Sie auf dem Küchenblock nämlich meist nicht.

Dreiflammige Gaskocher wirken toll, aber wenn Sie nicht nur winzige Töpfe brauchen, können Sie bei einigen Kochern nicht alle drei Flammen gleichzeitig nutzen. Schon eine recht kleine 24-cm-Pfanne lässt normalerweise bei Einhaltung der Vorschriften, was die Abstände betrifft, gleichzeitig höchstens einen kleinen Topf zusätzlich auf dem Kochfeld zu. (Da ist ein Backofen zum Warmhalten ungemein praktisch.)

Zur Spüle muss man nicht viel sagen. Praktisch ist eine zweite Ausgussmöglichkeit für den Fall, dass das Spülbecken voll Abwaschwasser ist. Ist so etwas nicht vorhanden, kann man zum Abwaschen eine Schüssel ins Becken stellen oder Reste in der Toilette entsorgen.

Wenn Sie nicht zu den groß gewachsenen Menschen gehören, sollten Sie testen, ob Sie an den Inhalt der Dachstauschränke über der Küchenzeile kommen. Einige Küchenblocks sind so tief, dass es Menschen unter 1,60 m nicht mehr gelingt, den Inhalt oben in den Schränken zu greifen.

Leider fehlen zumindest für die Gourmets unter den Wohnmobilisten fast immer ordentlich dimensionierte Gewürzborde. Dabei wäre neben, unter oder über dem Küchenfenster eigentlich immer noch Platz dafür vorhanden. Wenn Sie hier optimieren möchten und handwerkliches Geschick mitbringen, können Sie sich aus passend zum Innenausbau gebeizten/lasierten Holzleisten ein kleines Gewürzregal bauen und es an passender Stelle befestigen. Denken Sie an eine „Reling", um ein Herauspurzeln während der Fahrt zu verhindern. Dies erledigt natürlich auch ein Tischler für Sie.

Was an den Haken hängt, wird während der Fahrt eine nette Geräuschkulisse bilden, und ob die Dosen während der Fahrt stehen bleiben ...? (d)

Praktisch ist ein Mülleimer in einem Auszug unter der Arbeitsplatte, unpraktisch ist es, wenn selbiger an der Aufbautür angebracht ist. Ist die Tür im sonnigen Süden beim Kochen offen und das Fliegengitter geschlossen, ist der Mülleimer nur mühsam zu erreichen. Und außerdem drückt er die Fliegengittertür ein, wenn die Tür bei starkem Wind zuschlägt.

Angeboten werden ebenfalls Dunstabzugshauben, die aber in der Regel nicht überzeugen. Besser sind in eine Dachluke eingebaute Lüfter, die wesentlich effektiver sind und nicht nur Luft hinausziehen, sondern auch hineinblasen können.

Schränke

Natürlich gibt es im Wohnmobil auch noch Schränke zum Verstauen Ihrer Kleidung. „Richtige" Kleiderschränke mit Stangen, an denen Sie auch längere Kleider aufhängen können, sind eher selten und nur bei sehr großen Mobilen zu finden. Meist ist eine Stange mit Einlegeböden in einem mehr oder weniger breiten Schrank kombiniert. Bei Wohnmobilen mit Einzelbetten hinten finden sich Stangen meist unter dem Fußende der Betten, der Schrank ist also auch nicht besonders hoch. Zusätzlich gibt es immer noch Dachstauschränke über den Betten und der Sitzgruppe. Oft sind die aber weder besonders hoch noch tief. Einer pro Person reicht für zwei Wochen Campingurlaub für die Wäsche/Shirts zumindest im Sommer aber meist aus.

Bei Vollintegrierten kann man bei vielen Herstellern auf das üblicherweise vorn eingebaute Hubbett verzichten und stattdessen auch dort noch Dachstauschränke einbauen lassen.

Bei einigen Grundrissen lassen sich auch in den Sitzbänken noch Sachen verstauen. Hier sind schwere Dinge, die man nicht so oft braucht, gut untergebracht. Sollte sich neben der Tür eine Bank befinden, ist eine seitliche Klappe zum Verstauen der Schuhe sehr praktisch!

Teppiche

Für alle Fahrzeuge werden Teppiche angeboten, fast immer als kostenpflichtiges Zubehör. Manchmal sind das weiche Kuschelteppiche, manchmal feste, fast schon fußmattenähnliche Beläge. Sie bestehen immer aus mehreren Teilen, die wie ein Puzzle zusammengelegt werden müssen. Generell sind Teppiche immer dann unpraktisch, wenn Sie an Bodenfächer heranmüssen. Sei es zum Ablassen des Frisch- oder Grauwassers oder zum Benutzen von Bodenstaufächern: Immer müssen Sie sie anheben, um an die Fächer zu kommen. Außerdem lässt es sich so gut wie nicht vermeiden, dass doch mal Steinchen zwischen Teppich und Fußboden gelangen und dann dort Kratzer und Löcher hinterlassen. Natürlich sind Teppiche gemütlicher als „nackte" Böden, aber vielleicht ist ein kleiner Teppich aus dem Teppichmarkt oder einer, der aus einem Rest Teppichboden geschnitten und gekettelt wurde und dann nur dort liegt, wo man an kein Bodenfach muss, besser.

Sonstige Staumöglichkeiten

Je nach Grundriss und Aufbauart gibt es bei den Wohnmobilen noch eine mehr oder weniger große „Garage" im Heck, die sehr praktisch zum Verstauen von Windschutz, Campingmöbeln, Fahrrädern, Grill und Co. ist. Auch Gummistiefel, Regenkleidung und Getränkekisten lassen sich dort gut lagern. Gern wird dafür geworben, dass man sogar ein Motorrad/Moped in der Garage unterbringen kann. Theoretisch ist das auch möglich, aber bedenken Sie immer: Noch haben die meisten Wohnmobile einen Frontantrieb und jedes Kilo, das Sie in einer eventuell weit hinter der Hinterachse liegenden Garage unterbringen, verhindert eine

Große Garage im Heck, aber bitte nicht überladen (d)

vernünftige Traktion. Mit schwer beladener Garage drehen Ihre Antriebsräder schon an leichten Steigungen und bei Nässe durch.

Wenn Ihr Mobil winterfest ist, hat es (außer bei Kastenwagen) einen Doppelboden, in dem auch Frisch- und Abwassertank(s) frostfrei untergebracht sind. Meist gibt es in diesen Fällen auch noch zusätzliche Stauräume in diesem Doppelboden, die in der Regel vom Wohnraum aus zu beladen sind. Sie müssen sich allerdings tief bücken, um an den Inhalt heranzukommen. Wenn Sie sich für Teppiche entschieden haben, müssen diese erst beiseitegeräumt werden, bequem ist das nicht! Verstauen Sie dort also am besten nur Dinge, an die Sie nicht oft heranmüssen, wie z. B. die Notkonservenration, oder benutzen Sie diese Stauräume als Schmutzwäschesammler. Manchmal gibt es auch einen Zugang von außen zum Doppelboden.

Dann gibt es natürlich noch die Klappe, hinter der sich die Gasflaschen befinden. Dieser Raum ist belüftet! Außer den Gasflaschen passt aber nicht mehr viel hinein.

Zubehör

(d)

Zuladung

Werfen Sie zuerst einen Blick in die Papiere, um herauszufinden, wie viel Sie überhaupt zuladen dürfen. Sie werden eine Angabe finden, was Ihr Mobil in fahrbereitem Zustand wiegt. Fahrbereit heißt in den meisten Fällen inklusive

- ▷ einer vollen Gasflasche,
- ▷ eines Fahrers mit 80 kg Gewicht,
- ▷ eines mit nur 20 l (seltener 50 l) befüllten Wassertanks.

Das bedeutet, dass Sie alles, was Sie an Sonderausstattung einbauen lassen haben oder mitnehmen, noch hinzuzählen müssen. Dabei wiegt z. B.

▷ eine Satellitenanlage mittlerer Größe	10 kg,
▷ eine Markise mit 3,5 m Länge	25 kg,
▷ ein Fernseher inkl. Halter	6 kg,
▷ Kleinteile wie Wasserschlauch und Kabeltrommel	5 kg,
▷ ein Solarmodul mit Zubehör	8 kg.

Außerdem ist es völlig unrealistisch, mit 20 l Wasser loszufahren. Sie wollen im Wohnmobil doch unabhängig sein, also machen Sie den Tank zu Hause bereits voll. Ein komplett gefüllter Frischwassertank wiegt zusätzlich meist 80 kg.

Dann wollen Ihre Lieben ja auch mit und bringen ebenfalls Gewicht ins Mobil, rechnen wir mal bei einem zusätzlichen Erwachsenen und zwei Kindern 140 kg. Nun sind Sie schon bei 274 kg und haben noch gar nichts an Gepäck und Ausstattung eingeladen!

Man rechnet pro Mitfahrer 20 kg an persönlichem Gepäck, das sind dann bei vier Personen 80 kg. Nun sind schon 354 kg an Bord.

Haben Sie noch mehr anbauen lassen, z. B. Hubstützer, eine Heckleiter, einen Fahrradträger samt Rädern, einen Dachträger, eine Klimaanlage? Oder fasst Ihr Frischwassertank mehr als 100 l und ist voll? Oder wiegt der Fahrer mehr als die angesetzten 80 kg? Bitte addieren Sie alle Gewichte!

Einige Hersteller achten nicht so genau auf die mögliche Zuladung. Manchmal dürfen Sie nicht einmal das zuladen, was wir mit dem Beispiel oben schon zusammengerechnet haben. Also: Augen auf beim Kauf des Wohnmobils. Eine Zuladung von unter 500 kg ist kaum praktikabel. Und für ein Wohnmobil, das überladen ist, können Sie in einigen Ländern kräftig zur Kasse gebeten werden.

Wiegen können Sie Ihr bepacktes Wohnmobil an öffentlichen Waagen, z. B. bei Raiffeisenmärkten oder auch an einer Mülldeponie. Die Pförtner dort wundern sich inzwischen nicht mehr über Wohnmobile, die mit einer Garage voll Müll auf den Hof fahren. Beim Ein- und Ausfahren werden Sie gewogen und kennen so Ihr tatsächliches Gewicht.

Zubehör für innen

Küche

Gut, Sie haben aufgepasst und noch Kapazität. Dann richten wir zuerst die Küche ein. Wir empfehlen, als Erstes alle Fächer und Schubladen mit Antirutschmatten auszulegen, um einen halbwegs festen Stand der Utensilien zu gewährleisten.

Achten Sie darauf, dass Ihre Anschaffungen platzsparend zu verstauen sind. Natürlich können Sie auch Ihr Geschirr von zu Hause mitnehmen, praktisch ist permanentes Ein- und Ausräumen aber nicht – vor allem, wenn Sie auch mal spontan verreisen möchten, denn es kann ganz schön dauern, bis alles an Bord ist. Denkbar wäre eventuell ein altes, noch vorhandenes Service. Normales Porzellan eignet sich aber sowieso nicht wirklich gut. Es ist schwer, scheppert und klirrt während der Fahrt und geht natürlich auch schnell kaputt. Da müssten Sie zumindest immer etwas zwischen die einzelnen Teile legen, um wenigstens die Geräuschkulisse zu minimieren.

Beim Geschirr ist Melamin immer noch das Material erster Wahl. Völlig unkritisch ist es aber nicht, da sich Inhaltsstoffe in kochendem Essen lösen können. Kochend kommt allerdings wohl wenig auf den Teller/in die Tasse. Melamingeschirr gibt es in vielen Mustern und inzwischen auch mit einem rutschfesten Silikonrand unter den einzelnen Teilen. Sie werden sicher etwas für Ihren Geschmack finden. Es gibt auch Geschirr aus Bambus, aber auch dies enthält ebenfalls eine gewisse Menge an Melamin.

Wenn Ihre Gewichtsreserven es zulassen, können Sie über spezielles Porzellan für unterwegs nachdenken. Wir entdeckten bei der Porzellanmanufaktur Kahla in Thüringen ein Hartporzellan, bei dem die unteren Kanten ebenfalls mit Silikon beschichtet sind. Es nennt sich „Magic Grip", wurde eigentlich für die Schifffahrt entworfen, macht sich aber auch im Wohnmobil gut. Es klappert und rutscht nicht und ist ziemlich bruchfest (aber nicht unzerbrechlich).

Auch bei den Gläsern scheiden sich die Geister: Nicht jeder mag seinen Wein aus dem Kunststoffglas oder sein Bier aus dem Plastikbecher. Wenn Sie die Möglichkeit haben, kaufen Sie im Gastrohandel ein (geht auch online). Dort sind „richtige" Gläser in bruchgeschützten (nicht unzerbrechlichen) Ausführungen auch ohne Eichstrich zu finden.

Für was auch immer Sie sich entschieden haben: Kaufen Sie so viel, dass Sie nicht nach jeder Mahlzeit abwaschen müssen. Das spart Wasser und trägt zur guten Laune aller Reisenden bei. In einer (Falt-)Schüssel ins Waschbecken oder in die Dusche gestellt, übersteht schmutziges Geschirr auch die Fahrt zum nächsten Stellplatz. Uns ist bisher dabei noch nie etwas zerbrochen. Wenn Sie mit mehreren Personen unterwegs sind, ist das vielleicht nicht immer möglich, aber dann können Sie sich ja auch mit dem Spülen abwechseln.

Besteck benötigen Sie natürlich auch. Nehmen Sie hier lieber ein ganz normales. Es gibt kein richtig stabiles Kunststoffbesteck. Auch an all die kleinen Küchenhelfer müssen Sie denken. Kochlöffel und Co. werden auch im Urlaub benötigt. Vergessen Sie auch scharfe Messer und passende Schneidebretter nicht.

Von den billigen dünnen Campingtöpfen würden wir abraten. Die Böden sind viel zu dünn, leicht brennt etwas an, die Töpfe verbiegen und dann passen die Deckel nicht mehr ... Wir entdeckten Töpfe, die eigentlich für die Gastronomie gedacht sind. Sie sind in mehreren Größen zu bekommen (es gibt auch Pfannen, dann antihaftbeschichtet) und lassen sich sehr gut ineinanderstapeln. Legen Sie aber vorsichtshalber vor allem bei den Pfannen einen Pfannenschoner dazwischen, denn schon ein kleines Sandkörnchen könnte die Beschichtung während der Fahrt beschädigen. Die Griffe sind abnehmbar, sitzt aber bombenfest, wenn Sie sie angeklemmt haben. Die Griffe der Deckel lassen sich umklappen und ebenfalls sehr platzsparend verstauen. Der Boden ist so dick und hält die Hitze so gut, dass Sie zum Beispiel Reis oder Nudeln nur ankochen müssen und dann gar ziehen lassen können. (Funktioniert noch besser, wenn Sie den Topf in ein Handtuch wickeln und unter die Bettdecke stellen.) Dadurch haben Sie auf dem Kochfeld dann z. B. Platz für eine Pfanne. Die Töpfe heißen „Click Clack Pro" und werden von der Firma brk hergestellt, zu bekommen im Gastrohandel, aber auch beim Campingversandhändler Fritz

Ineinandergestapelt und mit abgenommenen Griffen brauchen die Töpfe und Pfannen nur sehr wenig Platz (© B/R/K)

Berger (☞ Anhang). Ebenfalls nicht schlecht sind die Töpfe der italienischen Marke Ballarini. Hier können Sie alle Griffe abklappen, so lassen sich die Töpfe auch gut ineinanderstapeln. Alle Töpfe sind antihaftbeschichtet. Legen Sie auf jeden Fall immer ein Papiertuch dazwischen.

Bei den Töpfen von Ballarini lassen sich die Griffe abklappen, so kann man sie gut ineinanderstapeln (© Ballarini)

Dann brauchen Sie vielleicht noch Wasserkessel, Tee-/Kaffeekanne und eventuell Kaffeefilter. Einige Wohnmobilisten haben auch eine Kaffeemaschine an Bord, das macht sie aber immer vom 230-Volt-Stromanschluss abhängig. Wir versuchen so wenig 230-Volt-Elektrogeräte wie möglich mitzunehmen, um möglichst autark zu sein. (Außerdem schmeckt per Hand frisch aufgebrühter Kaffee wirklich gut.)

Was sonst noch nicht fehlen darf, wissen Sie selbst am besten. Ein Tipp: Schreiben Sie während des Kochens zu Hause eine Liste, damit Sie nichts vergessen. Einen Vorschlag von uns finden Sie hier:

- ▷ 2 bis 3 Kochtöpfe mit passenden Deckeln
- ▷ Wasserkessel
- ▷ Bratpfanne mit Deckel (höchsten 24 cm Durchmesser, dafür gern etwas höher)
- ▷ Brotmesser
- ▷ großes scharfes Küchenmesser zum Schneiden von Fleisch und Gemüse
- ▷ kleines Messer und/oder Sparschäler für Kartoffeln, Karotten etc.
- ▷ Nudelsieb (Es gibt Modelle aus Silikon, die sich zusammendrücken lassen und dann nur noch wenig Platz brauchen.)

- ▷ Salatschüssel (Auch diese gibt es in gleicher Ausführung wie das Nudelsieb.)
- ▷ Kaffee-/Teekanne (Gut ist ein Modell mit Sieb zum Kaffeepressen, das erspart einen separaten Filter. Die gibt es auch schon als Thermoskanne – so haben Sie drei Fliegen mit einer Klappe geschlagen.)
- ▷ Espressokanne (Die billigsten Modelle leisten ordentliche Arbeit auf dem Gasherd.)
- ▷ Messbecher
- ▷ Zitronenpresse
- ▷ Suppenkelle
- ▷ Auffülllöffel
- ▷ Kochlöffel
- ▷ Pfannenwender
- ▷ Schneebesen
- ▷ Kartoffelstampfer
- ▷ Grillzange
- ▷ Küchenschere
- ▷ Dosenöffner
- ▷ Flaschenöffner
- ▷ Korkenzieher
- ▷ sicher verschließbare Vorratsbehälter für Lebensmittel (Achten Sie beim Kauf darauf, dass sie möglichst gut in Ihren Kühlschrank/ins Gefrierfach passen!)
- ▷ Brotkorb
- ▷ Brotbrett oder Schneidmatte
- ▷ Tablett (möglichst mit rutschfester Platte und hohem Rand)
- ▷ Untersetzer für heiße Töpfe
- Topflappen
- ▷ 1 bis 2 Abwaschschüsseln (Platzsparend zu verstauen und seit Jahren bewährt sind Faltschüsseln von Ortlieb. Es gibt sie in drei verschiedenen Größen: 5, 10 und 20 l.)
- ▷ Abtropfgestell/-matte für den Abwasch
- ▷ Geschirrspülmittel
- ▷ Abwaschbürste/Spültücher
- ▷ Geschirrtuch
- ▷ Streichhölzer/Feuerzeug/Gasanzünder

So, ausgestattet ist die Küche. Es fehlen die Lebensmittel! Wir empfehlen, lose Lebensmittel wie Salz, Zucker, Mehl etc. in fest verschließbare Behälter zu füllen. So ist die Gefahr, dass sich der Tüteninhalt im Mobil verteilt, gering. Haltbare Lebensmittel bleiben bei uns immer an Bord, nur verderbliche Dinge werden zu jeder Fahrt neu eingeräumt. Allerdings benutzen wir unser Wohnmobil sehr häufig. Es steht selten länger als 14 Tage unbenutzt herum, das kann bei Ihnen völlig anders sein. Dann sollten Sie vielleicht lieber alle Lebensmittel ausräumen.

Wenn Sie den Kühlschrank einräumen, dürfen Sie die Roste/Gitter nicht komplett abdecken (z. B. mit Antirutschmatten), denn die Luft muss zirkulieren können, damit es überall kalt wird.

Beachten Sie generell, dass alle schweren Dinge (Konserven, Glasflaschen, schwere Töpfe) möglichst weit unten im Wohnmobil gelagert werden sollten und die leichten nach oben kommen, damit der Schwerpunkt des Wagens möglichst tief liegt

Bad

Nun gehen Sie beim Packen im Bad genauso vor. Was immer gebraucht wird und haltbar ist, kann anschließend ggf. auch dort an Bord bleiben.

Wenn Sie Ihr benutztes Toilettenpapier in die Kassette werfen möchten, sollten Sie spezielles Papier verwenden, das sich schnell auflöst (☞ Die Technik, Toilette). Alternativ können Sie die Methode nutzen, die auch in südeuropäischen Ländern in älteren Hotels praktiziert wird, und einen kleinen Kosmetikmülleimer für benutztes Papier nehmen.

Je nach vorhandener Dusche benötigen Sie einen Fensterabzieher oder ein Tuch zum Trocknen. Vor allem, wenn Sie ein Kombibad haben, müssen Sie nach dem Duschen alles trocken reiben. Je nach Gewichtskapazität können Sie Ihre normalen Hand- und Duschtücher von zu Hause mitnehmen oder saugfähige leichte Mikrofaserhandtücher verwenden.

Dann müssen natürlich Duschgel, Shampoo, Zahnbürste und Zahncreme und all die kleinen Helferlein zur Hautpflege mit, außerdem Kamm, Haarbürste und eventuell ein Fön.

Was sonst noch mit muss

Jetzt muss noch jeder Mitfahrer seine Urlaubsgarderobe und Lektüre einpacken. Leseratten nehmen vielleicht lieber einen E-Book-Reader mit, um Gewicht zu sparen – Bücher sind schwer! Denken Sie auch an Regensachen und an Wanderschuhe oder Sportsachen, falls Sie im Urlaub gerne aktiv sind. Vielleicht kommen auch ein paar Gesellschaftsspiele mit an Bord. Teelichter samt Halter für gemütliche Abende sollten auch nicht fehlen. Außerdem benötigen Sie natürlich Handtücher (☞ Bad) und Bettzeug. Ob Sie lieber einen Schlafsack oder eine normale Bettdecke verwenden, ist Ihre Entscheidung. Wir finden normales Bettzeug angenehmer. Eine normale Decke können Sie bei zu viel Wärme nachts auch mal beiseiteschieben. Außerdem ist es hygienischer, wenn Sie das Bett nach einer bestimmten Zeit frisch beziehen können. Und Sie haben mehr Bewegungsfreiheit.

Sinnvoll ist auch eine Woll- oder Fleecedecke für kühlere Abende – nicht immer muss man gleich die Heizung anschalten und zum Schlafen haben Sie es sicher auch lieber etwas kühler. Für ganz heiße Sommernächte haben wir auch eine Waffelpiketdecke an Bord, die dann das Bettzeug ersetzen kann. Oder Sie nehmen einfach nur Ihren Bettbezug und lassen die Decke gleich ganz weg.

Für Ausflüge und Einkäufe ist ein Tagesrucksack, eventuell mit Kühleinsatz für Einkäufe, sinnvoll. Für alle, die ihr Fahrrad mitnehmen, empfehlen sich natürlich Lenker- und Satteltaschen.

Reinigung

Irgendwann ist der Zeitpunkt gekommen und Sie müssen im Wohnmobil sauber machen. Praktisch ist ein kleiner Staubsauger. Entscheiden Sie sich für ein gutes, nicht zu großes Akkumodell. Mit einer Ladung können Sie das Mobil mehrmals saugen und den Akku, wenn Sie mal einen Stellplatz mit Strom haben, wieder aufladen. Aber: Auch die besten Akkusauger erreichen niemals Ergebnisse wie richtige Bodenstaubsauger mit Kabel.

Wenn Sie keine Teppiche im Wagen haben, können Sie natürlich auch kurz fegen und durchwischen – Bodentücher sind dafür wesentlich praktischer als Wassereimer und Wischer. Auch für die anderen Reinigungsarbeiten finden wir feuchte Putztücher zumindest für zwischendurch sinnvoller als Eimer und Putzlappen. Achten Sie darauf, dass die Tücher nach Gebrauch kompostierbar sind, und verwenden Sie sie der Umwelt zuliebe sparsam.

Zubehör für draußen

Im Fahrzeug ist jetzt alles beisammen, aber ein paar andere Sachen fehlen noch.

Campingmöbel

Sie brauchen natürlich Campingstühle und Tische! Je nach vorhandenem Stauraum und finanziellem Spielraum können Sie sich für sehr luxuriöse Modelle

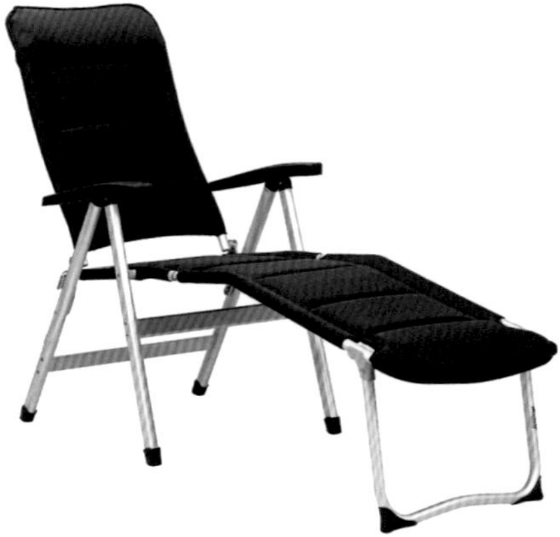

Ein sehr bequemer Campingstuhl, das Fußteil erweitert ihn zur Liege (© Westfield)

Hier stehen die Füße auch auf Sand und sinken nicht ein (© Westfield)

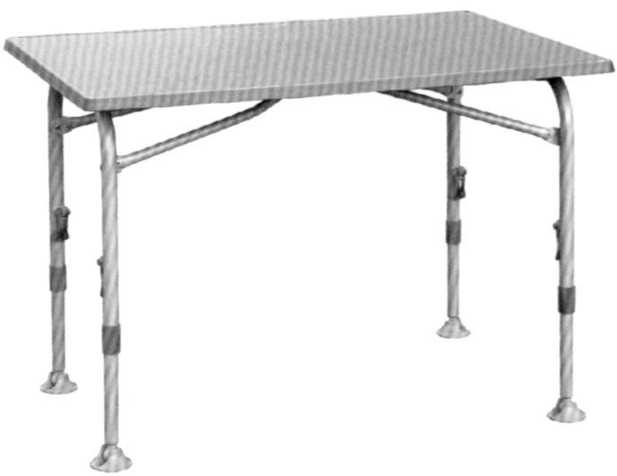

entscheiden oder müssen sich mit den schirmartig zusammenfaltbaren begnügen. Achten Sie auch hier beim Kauf auf Kleinigkeiten: Bei gleich hoher Rückenlehne brauchen einige Modelle durch ein ausgeklügeltes Klappsystem weniger Platz in der Höhe als andere. Beim Kauf des Tisches sollten Sie daran denken, dass er durch Ihre Stauklappen passen muss. Es gibt auch faltbare Tische oder Tische mit rollbaren Platten. Sie sind aber nicht ganz so stabil wie die mit fester Platte. Nützlich ist ein Netz unter der Platte, in dem Butter und Aufschnitt sonnengeschützt untergebracht werden können. Sinnvoll sind auch einzeln verstellbare Tischbeine, die durch einen speziellen Fuß auch im Sand nicht „untergehen".

Grill

Fast alle Camper grillen gern. Sie auch? Dann brauchen Sie natürlich auch einen Grill. Ob Gas oder Holzkohle ist Geschmackssache. Es gibt allerdings Campingplätze, auf denen das Grillen mit Holzkohle untersagt ist. Und auf vielen Wohnmobilstellplätzen ist es gar nicht gestattet, draußen vor dem Mobil zu sitzen und natürlich auch nicht zu grillen.

Markise und Vorzelt

Üblicherweise kaufen Sie eine Markise gleich mit, wenn Sie sich ein Wohnmobil anschaffen. Bei einigen Herstellern gibt es Seiten- und Frontteile zum Einhängen, so haben Sie auch seitlichen Sonnen- bzw. Windschutz und damit fast ein Vorzelt.

Denken Sie unbedingt daran, die Markise bei etwas stärkerem Wind mit Heringen im Boden zu sichern (gehören zum Lieferumfang der Markise). Alternativ gibt es auch spezielle Schuhe, die Sie über den Fuß der Markise montieren. Damit können Sie die Markise mit mehreren Heringen befestigen. Bei starkem Wind können Sie auch ein sogenanntes Sturmband über die Markise legen, das mit stabilen Heringen im Boden verankert wird. Damit alles etwas arbeiten kann, wird auf einer Seite zwischen Sturmband und Hering eine Spiralfeder eingesetzt (gehört zum Lieferumfang des Sturmbandes). Bei breiteren Markisen (ab ca. 4,5 m) gehört eine zusammenklappbare Stange zum Zubehör. Diese wird bei Regen in der Mitte der Markise zwischen Fahrzeug und Markisenkante geklemmt und soll verhindern, dass sich Wassersäcke bilden und die Markise zusammenbricht.

Beim Aufbau der Markise sollten Sie darauf achten, dass ein Gefälle vom Fahrzeug zur Markisenkante und von links nach rechts (oder umgekehrt) besteht, damit Regenwasser problemlos ablaufen kann.

Wenn Sie längere Zeit auf einem Campingplatz bleiben, bietet sich auch ein Vorzelt (ca. € 800) an. Es gibt inzwischen Modelle, die unabhängig vom Fahrzeug auf dem Stellplatz stehen bleiben können. So müssen Sie nicht bei jedem Ausflug alles einräumen, sondern können Möbel und eventuell den Grill regengeschützt im Vorzelt stehen lassen. Wenn es auch noch mit einem Zeltteppich ausgelegt ist, tragen Sie auch weniger Schmutz ins Wohnmobil.

Ebenfalls für längere Aufenthalte an einem Platz sinnvoll ist ein Windschutz, zumindest wenn Sie irgendwo am Meer stehen (bei genug Platz auch zusätzlich zum Vorzelt).

Sonstiges

Praktisch ist auch eine Fußmatte oder ein kleiner Teppich draußen vor dem Mobil. Das erspart Ihnen innen eine Menge Schmutz.

Einen Wäscheständer sollten Sie ebenfalls an Bord haben. Handtücher und Badesachen möchten getrocknet werden und Sie wollen sicher nicht alles zum Trocknen im Mobil hängen haben.

Tatsächlich gibt es sogar Wohnmobilisten, die Bügelbrett und Bügeleisen an Bord haben – wir haben das noch nie gebraucht, hatten für Theater- und Musicalbesuche aber auch von zu Hause schon fertig gebügelte Kleidung dabei.

Zubehör für Strom und Wasser

Dann müssen Sie einen Wasserschlauch mit einer Auswahl Schlauchanschlüssen an Bord haben. (Die Anschlüsse von Gardena sind am weitesten verbreitet und deshalb empfehlenswert.) Wir würden zum Füllen des Frischwassertanks niemals fremde Schläuche verwenden. Sie können nicht ausschließen, dass irgendwer seine Toilettenkassette mit dem Frischwasserschlauch ausgespült hat. Sicherheitshalber sollte noch eine (saubere) Gießkanne oder ein Kanister mit Einfüllstutzen an Bord sein. Es könnten auch mal Wasserhähne ganz ohne Gewinde vorkommen oder Sie müssen das Wasser von weiter weg zum Wohnmobil holen.

In den Einfüllstutzen des Wassertanks können Sie auch gleich einen Deckel mit Gardena-Anschluss eindrehen (nur zum Befüllen) (dg)

CEE-Kabel: Die blaue Seite stecken Sie ins Wohnmobil, den Schukostecker in Ihr Verlängerungskabel oder Ihre Kabeltrommel (b)

Und dann brauchen Sie ein Stromkabel. Ihr Wohnmobil hat einen CEE-Anschluss, viele Campingplätze oder Wohnmobilstellplätze haben das auch, aber längst nicht alle! Also brauchen Sie auch noch Adapter von CEE auf Schuko und am besten auch umgekehrt, dann sind Sie für jede Situation gewappnet. Das Kabel ist auf einer Kabeltrommel praktisch aufgerollt. Wenn Sie es verwenden, muss es aber immer ganz abgerollt werden. Der Querschnitt des Kabels sollte 2,5 mm² betragen.

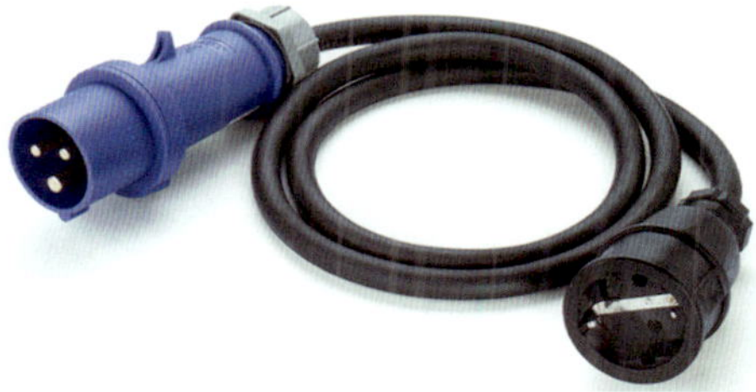

Hier kommt der blaue Stecker in die CEE-Dose auf dem Campingplatz und in die Schukosteckdose stecken Sie Ihre Kabeltrommel oder Ihr Verlängerungskabel (b)

Auffahrkeile

Falls Ihr Wohnmobil keine hydraulischen Hubstützen hat, sollten Sie auch Niveauausgleichskeile einpacken. Nicht überall finden Sie völlig waagerechte Plätze zum Übernachten. Das Gefühl, jeden Moment aus dem Bett zu rollen, ist unangenehm.

Auffahrkeile zum Ausgleichen von Bodenunebenheiten (b)

Eine gute Auswahl an Campingzubehör finden Sie bei speziellen Händlern, die nicht nur bundesweit Filialen haben, sondern auch online vertreten sind (☞ Anhang).

☺ Sehr praktisch, vor allem für den Besuch von Städten oder auch für Ausflüge in die Natur, sind Fahrräder. Falls Sie sie nicht außen am Mobil befestigen möchten, wählen Sie Klappräder. Selbst diese gibt es inzwischen übrigens auch mit Elektroantrieb.

Die Technik

(© Ingrid Retterath)

Antrieb

Die meisten Wohnmobile werden immer noch auf dem Fiat Ducato gebaut. Fiat hat sich bei der Einführung des Modells 250 im Jahr 2006 mit den Aufbauherstellern zusammengesetzt und mit ihnen ein Wohnmobilkonzept entwickelt. Dadurch sind viele Hersteller auf den Ducato umgestiegen und dabei geblieben. Inzwischen gibt es die dritte Generation des Ducato.

Angetrieben wird der Ducato (Modell 2019) von einem 2,3-Liter-Dieselmotor mit vier Zylindern. Es gibt davon vier Modelle. Der MultiJet 130 hat 130 PS bzw. 96 kW und wird bei den meisten Herstellern als Grundmodell angeboten. Ganz wenige Hersteller bieten auch noch den MultiJet 115 (mit 2 Litern Hubraum und 115 PS bzw. 85 kW) an, weisen aber gleichzeitig darauf hin, dass der Motor viel zu klein für das Fahrzeug sei und man doch bitte für ein paar Euro mehr den MultiJet 130 nehmen solle. So hält man natürlich den Grundpreis des Modells niedriger. Der MultiJet 130 ist für Fahrzeuge bis 3,5 t Gesamtgewicht vollkommen ausreichend. Für Fahrzeuge, die aufgelastet werden sollen, könnte man überlegen, die Mehrkosten (ca. € 1.800) für den MultiJet 150 (mit 150 PS bzw. 110 kW) zu investieren.

Etwas unverhältnismäßig erscheint uns der Mehrpreis für den MultiJet 180 (mit 177 PS bzw. 130 kW). Hier werden oft Mehrkosten von ca. € 4.500 aufgerufen. Die sollte man nur investieren, wenn man häufig mit Anhänger unterwegs ist und/oder das Wohnmobil mehr als 4,5 t auf die Waage bringt. Ansonsten reicht der MultiJet 150 völlig aus.

Die Modelle, die auf der Basis eines Citroën, Peugeot oder Renault aufgebaut werden, haben auch den Fiat-Motor. Alle haben Vorderradantrieb, was für Wohnmobile bis ca. 7 m Länge auch in Ordnung ist. Bei 7,5 m langen Wohnmobilen ist der Überhang hinter der Hinterachse schon extrem. Die Hersteller werben auf Messen gerne damit, wie riesig ihre Garagen sind und dass man dort sogar Motorräder hineinstellen kann. Wenn man dann nachfragt, wie es mit dem Antrieb aussieht, bekommt man meistens zur Antwort, dass man die Garage doch bitte nicht zu schwer beladen soll. Wir selbst fahren einen Carthago mit 7,5 m Gesamtlänge und haben uns damit schon öfters festgefahren oder mussten mit durchdrehenden Reifen an der Ampel losfahren, wenn es nur etwas bergauf ging. Wer also so ein Fahrzeug kauft, sollte besser nicht auf eine Wiese fahren, sondern nur auf befestigten Straßen unterwegs sein und bei Campingplätzen darauf achten, dass auch die Stellplätze einen festen Untergrund haben.

Alternativen zum Fiat gibt es nur wenige. Ford hat den Anschluss verpasst und zu lange auf den alten Transit gesetzt. Der neue ist zwar ganz gelungen, aber nur wenige Ausbauer nutzen ihn.

Mercedes schafft mit dem neuen Sprinter-Modell gerade wieder den Anschluss. Modelle auf Mercedes-Basis sind aber in der Regel teurer als Modelle auf Fiat-Basis. Normalerweise sollte bei einem Mercedes der Motor mit 163 PS (120 kW) verbaut werden. Die Mehrkosten für den 190-PS-(140 kW-)Motor liegen schon bei üppigen € 6.500. Als einziger Hersteller bietet Mercedes aber neben dem Vorderradantrieb auch einen Heckantrieb und sogar einen zuschaltbaren Allradantrieb an. Allerdings besteht nicht bei allen Modellen eine Auswahlmöglichkeit. Dies ist von Hersteller zu Hersteller verschieden.

Hersteller, die überwiegend mit Fiat arbeiten, benutzen bei längeren Fahrzeugen gern den Unterbau des Iveco Daily (gehört zur Fiat-Firmengruppe). Auch hier kommt der Hinterradantrieb zum Einsatz. Bedenken Sie aber, dass der Daily als Lkw konzipiert wurde, und lassen Sie eine bessere Federung einbauen (☞ Fahrwerk).

Andere Hersteller wie z. B. VW sieht man kaum. Gelegentlich stellt mal jemand ein Modell auf VW-Crafter-Basis vor. Man muss aber schon suchen, um diese Modelle außer im Kastenwagenbereich zu finden.

Abgas und Euronorm

Die aktuelle Abgasnorm ist die Euronorm 6, aber Vorsicht, auch da gibt es Unterschiede.

Alle Fahrzeuge, die nach dem 1.9.2017 zugelassen wurden, haben die Euronorm 6c. Das bedeutet, dass Sie die Abgaswerte nach dem neueren WLTP-Messverfahren einhalten müssen und im tatsächlichen Betrieb bis zu 110 % des erlaubten Wertes ausstoßen dürfen. Ab dem 1.9.2019 (Datum der Erstzulassung) gilt dann die Abgasnorm 6d-TEMP. Ab dann müssen alle Fahrzeuge die Abgasnorm 6 auch im täglichen Betrieb einhalten (RDE = Real Drive Emissions). Achten Sie also beim Neukauf darauf, dass man Ihnen nicht noch einen „alten" Motor unterjubelt.

Ab dem 1.1.2021 gilt dann die Abgasnorm 6d mit noch schärferen Abgaswerten, besonders bei den Stickoxiden (NOx) und beim Feinstaub. Wenn Sie mit einem älteren Wohnmobil liebäugeln, das noch die Euronorm 2 (rote Plakette) oder 3 (gelbe Plakette) besitzt, können Sie eventuell einen Feinstaubfilter nachrüsten und dann die grüne Plakette bekommen. Die Kosten liegen je nach

Modell bei Preisen zwischen € 800 und € 1.500 zzgl. Einbau. Da es immer mehr Umweltzonen in Deutschland und vielen europäischen Großstädten gibt, sollten Sie sich am besten vorab über eine Nachrüstmöglichkeit informieren. Die größten Hersteller sind HJS (💻 www.hjs.com) und Vitkus (💻 www.russfilter.info).

Wenn Sie auch im Ausland reisen möchten, müssen Sie sich eventuell noch eine spezielle Plakette besorgen. In Frankreich z. B. gibt es seit 2016 die „Crit'Air“. Einen guten Überblick verschafft die kostenlose App „Green-Zones“ (💻 www.green-zones.eu), erhältlich bei Google Play und im AppStore. Integriert ist auch ein Shop, in dem man die Plakette online erwerben kann.

Fahrwerk und Ausbauten

Fiat-Modelle werden standardmäßig mit dem Fiat-Leiterrahmen gebaut. Der Leiterrahmen ist allerdings eher für die Transporter ausgelegt. Die Federung der Hinterachse besteht aus Blattfedern, die von einfachen Stoßdämpfern unterstützt werden. Und auch vorn werden einfache Stoßdämpfer verbaut. Ähnliches gilt für die Standardunterbauten von Mercedes und Iveco.

Für Wohnmobilhersteller bieten Fiat und neuerdings auch Mercedes auch nur einen Triebkopf an. Das ist quasi das Vorderteil eines Transporters ohne Aufbau. Der Triebkopf wird meistens für vollintegrierte Fahrzeuge genutzt. Für teilintegrierte wird das Fahrzeug mit Fahrerhauskabine geliefert.

Die Firma AL-KO hat sich darauf spezialisiert, die Fahrwerke zu optimieren. Es wird dann hinter dem Fahrerhaus ein neues Fahrwerk montiert. Der Vorteil ist, dass die Spur hinten breiter ist und der Rahmen etwas tiefer liegt als beim Standardleiterrahmen. Außerdem ist er komplett verzinkt. Während beim Fiat die Abwassertanks meistens unter den Rahmen gebaut werden, können sie beim AL-KO-Fahrgestell in einen Doppelboden eingebaut und beheizt werden, sodass auch im Winter nichts einfrieren kann. Auch alle Leitungen können in den Boden gelegt werden. Falls Sie ein Wohnmobil ohne eine Stufe im Wohnraum haben möchten, kommen Sie um ein AL-KO-Fahrgestell nicht herum.

Zusätzlich hat AL-KO auch den Federungskomfort deutlich verbessert. Für die Vorderachse wurde ein mechanisches Vorderachsfederbein entwickelt. Dadurch wird die Kurvenlage stark verbessert und der Federungskomfort erhöht. Der Preis liegt bei ca. € 1.500 (plus Einbau)

Dazu passend wird für die Hinterachse das ALC (AL-KO-Level-Controller) angeboten. Die vollautomatischen Hinterachsdämpfer sorgen dafür, dass das Fahrzeug (auch bei unterschiedlicher Beladung) immer optimal ausnivelliert ist und Schläge und Stöße von der Fahrbahn nicht direkt an den Aufbau und die Passagiere weitergeleitet werden. Das ALC wird ausschließlich für Fahrzeuge mit AL-KO Fahrwerk angeboten.

Eine andere Möglichkeit, um den Fahrwerkkomfort zu erhöhen, ist der Einbau von Zusatzluftfedern. Diese können auch nachgerüstet werden. Die Zusatzluftfedern gibt es entweder nur für die Hinterachse oder auch für Hinter- und Vorderachse. Mit den Luftfedern können Sie das Fahrzeug max. 5 cm anheben oder absenken und (über den Druck) den Fahrkomfort einstellen. AL-KO bietet folgende Modelle an:

▷ AirTop: zum Nachrüsten des Originalchassis auf Fiat-, Peugeot- oder Citroën- Basis für die Hinterachse, Kosten: ca. € 650 zzgl. Einbau

Für Fahrzeuge mit AL-KO-Fahrwerk:

▷ AirPlus: Die Zusatzluftfederung wird an der Hinterachse montiert. Dadurch wird das Fahrzeug beim Beladen besser ausgeglichen. Mittels eines Kompressors wird der Druck eingestellt. Die Montage kann im AL-KO-Kundencenter erfolgen und kostet komplett ca. € 2.800 bzw. € 4.200 bei einem Fahrzeug mit Tandemachse.

▷ Air Premium X2: Dieses Luftfedersystem arbeitet vollautomatisch und wartungsfrei. Über eine Fernbedienung kann das Fahrzeug bis zu 50 mm angehoben bzw. 60 mm angesenkt werden. Diese Federung ist auch für Fahrzeuge mit ESP geeignet. Die Kosten liegen bei ca. € 5.500 (inkl. Montage) bzw. € 7.200 bei einer Tandemachse. Ein nachträglicher Einbau ist nicht möglich, das geht nur als Erstausrüstung bei Neuwagen ab (AL-KO-)Werk.

▷ Air Premium X4: Wie das System X2, nur zusätzlich auch mit Luftfedern an der Vorderachse, die vollautomatisch ausjustiert werden. Dadurch kann das Fahrzeug auch ohne Keile beim Parken ausgerichtet werden. Das System schafft bis zu 12 cm Höhenausgleich (diagonal gemessen). Der Einbau erfolgt im AL-KO-Kundencenter und kostet bei einem Zweiachser ab € 8.800 bzw. ab € 11.000 bei einem Fahrzeug mit Tandemachse hinten (inkl. Einbau). Ein nachträglicher Einbau ist nicht möglich.

Neben AL-KO gibt es auch noch andere Luftfederhersteller. Die zur Hymer-Gruppe gehörende Firma Goldschmitt stellt ähnliche Komponenten her. Die Federn von Goldschmitt werden daher (bei Neufahrzeugen) auch überwiegend von Firmen der Hymer Group (Hymer, Dethleffs, LMC, Bürstner, Carado)

angeboten. Wir selbst hatten die Goldschmitt-Federn an unserem Dethleffs-Mobil und die AL-KO-Federn an unserem Kastenwagen. Wir fanden das Fahren mit AL-KO Federn angenehmer, aber das muss jeder selbst entscheiden.

Auch die Firma Linnepe stellt Luftfedern her. Es gibt das System AirLift (für leichtere Mobile bis 3,8 t) und das System AirLift Maxi (für Fahrzeuge bis 7,5 t). Das Modell ist mit dem Modell AirTop von AL-KO vergleichbar.

Weitere Infos finden Sie unter:

- www.alko-tech.com
- www.goldschmitt.de
- www.linnepe.eu

Fahrwerk auflasten

Ist das Fahrzeug im Leerzustand bereits so schwer, dass man kaum Zuladung hat, empfiehlt sich eine Auflastung. Der große Nachteil dabei ist aber, dass bei einer Auflastung über 3,5 t die Höchstgeschwindigkeit 100 km/h beträgt und außerdem das Lkw-Überholverbot gilt (aber nicht das Wochenendfahrverbot). Außerdem brauchen Sie zusätzlich eine Warnleuchte und das Fahrzeug muss mit ABS ausgerüstet sein.

Die meisten Wohnmobile sind von vornherein schon dazu ausgelegt, aufgelastet zu werden. Eine Auflastung von 3,5 auf 3,8 t ist damit ohne größere Arbeiten möglich. Eventuell müssen aber stärkere Federn eingebaut werden. Ihr Wohnmobilhändler kann Sie dabei beraten. Oder Sie fragen die Fahrwerksspezialisten von AL-KO, Goldschmitt oder Linnepe.

Anbauten

Fahrrad- und Motorradträger

Um Fahrräder, E-Bikes oder Motorroller mitzunehmen, muss man bei den meisten Wohnmobilen einen Träger am Heck anbauen. Wer bereits eine Anhängerkupplung hat, kann für seine Fahrräder oder E-Bikes einfach einen Fahrradträger darauf montieren. Einziger Haken: Mit mehr als 45-50 kg darf man den Fahrradträger im Normalfall nicht belasten. Das reicht also nur für zwei Fahrräder.

Oder es muss eine Alternative her: Es gibt spezielle Trägersysteme für Wohnmobile und Kastenwagen, die Sie an Ihr Fahrzeug anbauen lassen können. Der Preis hängt u. a. sehr stark vom Fahrgestell Ihres Wohnmobils und der gewünschten Zuladung ab. Der Preis für das Grundmodell eines Heckträger für zwei Fahrräder beginnt bei ca. € 600, wer sein Motorrad mitnehmen möchte, bezahlt schnell schon € 2.500. Fragen Sie bei Interesse am besten Ihren Händler, was bei Ihnen möglich ist und was es kostet. Hier können Sie sich schon einmal vorab informieren:

Für Fahrradträger auf Anhängerkupplungen:

- Thule, 🖳 www.thule.com/de
- Fiamma, 🖳 www.fiamma.it/de
- Westfalia, 🖳 www.westfalia-automotive.com/de

Für spezielle Heckträgersystem:

- Sawiko, 🖳 www.sawiko.com/de
- Weih-tec, 🖳 www.weih-tec.de
- Linnepe, 🖳: www.linnepe.eu

Für Anhängerkupplungen:

- Alko, 🖳 www.alko-tech.com/de
- Sawiko, 🖳 www.sawiko.com/de
- Linnepe, 🖳 www.linnepe.eu

Wenn Ihre Heckgarage groß genug ist, können Sie Ihr Motorrad oder Fahrrad natürlich auch dort verstauen. Die genannten Firmen bieten auch Auffahrhilfen (damit das Motorrad gut in die Garage kommt) und komplette Heckgaragensysteme (inkl. manueller oder elektrischer Auffahrhilfe) an, damit alles fest verstaut werden kann und während der Fahrt nicht beschädigt wird.

Vorteile der Heckgaragensysteme:

- besserer Schutz vor Diebstahl
- alles bleibt sauber
- bessere Verteilung des Gewichtes Richtung Hinterachse

Nachteil:

- weniger Stauraum

Die Heckbox

Wenn Sie ein Wohnmobil oder einen Kastenwagen mit nicht allzu großer Garage besitzen, können Sie sich zusätzlich eine Heckbox anschaffen. Es gibt sie von:

- Thule, 🖳 www.thule.com (Größe: 450 l, Preis: ca. € 540)
- Westfalia, 🖳 www.westfalia-automotive.com/de (Größe: 195 l, Preis: ca. € 400)
- Mft, 🖳 www.mft.systems/de (Größe: 300 l, Preis: ca. € 650)

Die Zuladung bei diesen Systemen liegt zwischen 55 und 60 kg. Sie sind also vorwiegend zum Transport großer, aber leichter Sachen geeignet. Bei einigen muss zusätzlich ein spezieller Träger gekauft werden, bei anderen reicht ein Fahrradträger (für drei Räder), auf dem die Box montiert wird. Oben auf die Box kann bei Thule wieder eine Fahrradhalterung für Kinderräder montiert werden. Die Zuladung kann erhöht werden, wenn die Box nicht auf der Anhängerkupplung, sondern auf ein Trägersystem, das am Fahrzeugrahmen (☞ Fahrrad- und Motorradträger) montiert wird, aufgebaut wird.

✋ In Spanien und Italien muss an allen über das Heck hinaushängenden Ladungen eine Warntafel angebracht sein. ☹ Natürlich sind für beide Länder unterschiedliche Modelle vorgeschrieben, Kosten: ca. € 30 bis 50/Stück.

Außenleiter

Überwiegend an Kastenwagen findet man Außenleitern. Diese werden benötigt, um von hinten auf das Dach zu steigen. Dort können dann Dachboxen montiert werden, um zusätzlichen Stauraum zu schaffen, oder es kann z. B. ein Kanu auf dem Dach mitgenommen werden. Während bei Kastenwagen mit Metalltür die Leitern einfach angeschraubt werden, muss man bei Wohnmobilen mit Aufbau meistens eine Verklebung der Haltepunkte vornehmen. Dank moderner Klebstoffe ist das aber auch kein Problem mehr.

Die Leitern gibt es von:

▷ Thule, 💻 www.thule.com (Preise ab € 139)
▷ Fiamma, 💻 www.fiamma.it (Preise ab € 200)

Beide Hersteller bieten auch Systeme zum Abschließen der Leitern an, damit niemand Unbefugtes diese benutzen kann und Ihnen aufs Dach steigt.

Hubstützen

Um ein Wanken des Wohnmobils im Stand zu vermeiden, haben die Hersteller dem Fahrzeug Kurbelstützen an der Hinterachse spendiert. Achtung! Diese Stützen sind nicht dazu da, das Wohnmobil auszurichten. Dafür gibt es die Auffahrkeile, die in verschiedenen Höhen angeboten werden. Die Stützen verhindern lediglich, dass das Fahrzeug in den Federn hin und her schwankt, wenn jemand darin umherläuft oder sich im Bett umdreht. Wer keine Lust hat, jeden Abend zu kurbeln, kann hydraulische Systeme nachrüsten, die das Fahrzeug auf Knopfdruck ausrichten. Bei den meisten Systemen lassen sich noch weitere Positionen einspeichern, z. B. kann zum Tankausleeren die Seite, an der der Abwassertank ausgeleert wird, abgesenkt werden oder Sie können am Abend vor dem Schlafengehen das Fahrzeug an der Seite, an der der Kopf liegt, etwas anheben, um einen erholsamen Schlaf zu haben.

Es gibt diverse Hersteller für diese Hubstützen. Die meisten Firmen setzen auf ein System mit einer zentralen Hydraulikstation, das in einer Ecke des Fahrzeugs verbaut wird. Von dort werden dann Hydraulikleitungen zu den einzelnen Stützen verlegt.

Vorteil: Man braucht nur eine Hydraulikanlage für alle vier Stützen.

Nachteil: Man braucht im Fahrzeug Platz für die Hydraulikanlage und die relativ dicken und sperrigen Leitungen müssen dann zu den einzelnen Stützen gelegt werden.

Die bekanntesten Hersteller für dieses System sind:

- ▷ E&P Hydraulics Germany (🖳 www.ep-hydraulics.eu)
- ▷ Linnepe (🖳 www.linnepe.eu)
- ▷ Goldschmitt (🖳 www.goldschmitt.de)
- ▷ HPC – Hydraulics (🖳 www.hpc-hydraulics.com)

Der Einbau sollte beim Fachmann erfolgen, weshalb einige Hersteller die Systeme nur inklusive Einbau verkaufen. Der Preis (inkl. Montage) liegt bei ca. € 5.500.

Einen anderen Weg geht man bei AL-KO mit den HY4-Stützen. Hier hat jede Stütze eine eigene Hydraulikpumpe.

Vorteil: Es wird kein Platz im Fahrzeug benötigt, alle Komponenten sind unterhalb des Fahrzeugs angebracht. Außerdem müssen keine Hydraulikleitungen verlegt, sondern nur ein Stromkabel zu den Stützen gelegt werden. Deshalb ist die Montage nicht so aufwendig und die Stützen können beim Fahrzeugwechsel einfach wieder demontiert werden (man bekommt nicht viel mehr Geld für das Fahrzeug, wenn man die Stützen angebaut lässt).

Nachteil: der etwas höhere Preis von ca. € 6.000 (inkl. Montage).

Bei beiden Systemen sollten Sie bedenken, dass sich das Fahrzeuggewicht um 60 bis 70 kg erhöht und dadurch die Zuladung sinkt. Bei Fahrzeugen, bei denen die abgesenkte Garage direkt hinter der Hinterachse beginnt, kann nicht immer ein Stützensystem montiert werden (Platzmangel bzw. fehlende Befestigungsmöglichkeiten). Informieren Sie sich am besten vorher beim Hersteller oder Fachhändler.

Strom

Im Wohnmobil stehen üblicherweise nur 12 V zur Verfügung (je nach Ladezustand der Batterie liegt die Spannung zwischen 11 und 13 V). Liegt die Spannung unter 11 V, droht eine Tiefentladung der Batterie. Dadurch wird sie zerstört. Liegt die Spannung in der Batterie bei einem Ladevorgang langfristig über 13,5 V, sollten Sie Ihr Ladegerät beim Händler prüfen lassen. Eventuell ist auch nur die falsche Ladekurve eingestellt. Bei modernen Ladegeräten müssen Sie den Batterietyp (Blei-Säure, AGM oder Gel) auswählen.

Werden mehr als 12 V – also 230 V – gebraucht und ist keine Steckdose in der Nähe, müssen Sie auf einen Wechselrichter (weitere Infos im Abschnitt ☞ Wechselrichter) zurückgreifen. Dieses Gerät wandelt 12 V in 230 V um. Haben Sie Ihr Wohnmobil auf dem Stellplatz mit der örtlichen Spannungsversorgung angeschlossen, stehen Ihnen auch im Wohnmobil die eingebauten Steckdosen zur Verfügung. Aber Achtung: In vielen europäischen Länder ist die Steckdose oft nur mit 6 A abgesichert. Dann stehen Ihnen max. 1.380 W (230 V x 6 A) zur Verfügung. Wird mehr Strom genutzt, fliegt die Sicherung raus.

Oder es werden, vor allem bei kleineren Campingplätzen, viele Mobile nur an eine Steckdose angeschlossen. Dann sollten Sie den Strom nur zum Aufladen der Batterie(n) benutzen.

Alle Geräte, die mit 12 V betrieben werden, laufen auch beim Netzbetrieb über die Batterie (TV und Sat-Anlage, Heizungspumpe oder Gebläse). Die Batterie wird jedoch gleichzeitig nachgeladen und der Ladestrom ist meistens höher als der entnommene Strom. Ausnahme ist der Kühlschrank. Er erkennt, wenn 230 V Spannung anliegen und schaltet automatisch von Gasbetrieb auf Strom um, wenn der Kühlschrank auf Automatikbetrieb (Stellung „A" am Bedienpanel des Kühlschranks) steht. Der 12-V-Betrieb des Kühlschranks ist eigentlich nur eine Notfunktion, die kurzzeitig genutzt werden kann, wenn kein 230-V-Anschluss vorhanden ist und auch kein Flüssiggas zur Verfügung steht (Flaschen leer oder auf der Fähre abgesperrt, weitere Infos im ☞ Abschnitt Kühlschrank).

Die Batterie – Strom aus der Konserve

Bevor wir uns Gedanken über den Aufbau der Batterie machen, sollten wir einmal ausrechnen, wie viel Strom überhaupt benötigt wird. Die größten Verbraucher sind die Heizung und ggf. der Fernseher. Dank moderner LED-Technik kann man die Beleuchtung beinahe vernachlässigen. Setzen wir einmal folgende Werte an:

- ▷ Fernseher (24" inkl. Sat-Anlage): ca. 40 W
- ▷ Soundanlage: 12 W
- ▷ Heizungsgebläse: ca. 30 W
- ▷ Licht: 3 LEDs à 3 W = 9 W

Wenn die Geräte eine Stunde laufen, ergibt sich bei einer Spannung von 12 V ein Verbrauch von 7,58 A (91 W : 12 V).

Rechnet man noch den einen oder anderen kleineren Verbraucher dazu (z. B. das Laden von Handy, Kamera oder Laptop), kommt man auf einen Stromverbrauch von 8 A pro Stunde, also 8 Ah. Nach vier Stunden Betrieb haben wir der Batterie also 32 Ah entnommen. Nun könnte man annehmen, dass man einer 80-Ah-Batterie auch 80 Ah entnehmen kann, aber dann wäre sie tiefentladen und zerstört. Bleibatterien, egal welcher Bauart (Gel, AGM oder Blei-Säure) können maximal zu 50 % entladen werden. Aber das verkürzt das Leben einer Batterie schon beträchtlich. Um sie zu schonen und für eine hohe Lebenserwartung zu sorgen, sollte eine Batterie nicht mehr als zu 30 % entladen werden, d. h., von den 80 Ah sollte man nicht mehr als 25-30 Ah verbrauchen. Bei dem oben genannten Stromverbrauch sollte man also über eine zweite Batterie nachdenken oder weniger fernsehen und vielleicht noch eine Decke einpacken.

Doch welche Art von Batterie baut man ein?

Bei einem Neukauf des Wohnmobils können Sie meistens selbst entscheiden, welche Batterieart und Batteriestärke Sie möchten. Neuere Ladegeräte sollten eigentlich mit allen Batterietypen klarkommen. Natürlich müssen Sie einen Aufpreis, den der Händler bestimmt, bezahlen. Achten Sie aber darauf, dass Ihnen nicht die kompletten Kosten, sondern nur die Preisdifferenz zwischen den verschiedenen Modellen berechnet wird.

Kaufen Sie ein gebrauchtes Wohnmobil, schauen Sie erst einmal, welche Batterien verbaut wurden und was Ihr Ladegerät laden kann. Eventuell muss das Ladegerät (vor allem bei älteren Modellen) mit ausgetauscht werden, wenn Sie die Batterieart wechseln. Vielleicht kann Ihnen der Vorbesitzer auch noch sagen, wie alt die Batterien sind? Sind sie älter als fünf Jahre, dann rechnen Sie damit, dass sie bald ausgewechselt werden müssen.

Soll eine zweite Batterie zusätzlich angeschafft werden, ist die Auswahl ganz einfach. Es muss die gleiche (von Typ und Leistung) verbaut werden wie die bereits vorhandene. Im Moment gibt es vier verschiedene Typen. Die großen Preisunterschiede bei den einzelnen Typen beruhen auch darauf, dass es die meisten Batterien in extrem unterschiedlichen Größen zwischen 60 Ah und 250 Ah gibt. Am Ende des Kapitels finden Sie einen Preisvergleich für Batterien mit etwa gleicher Bauform und Kapazität.

Blei-Säure-Batterien

(Preis ab ca. € 100-220)

Die wohl günstigsten Batterien auf dem Markt sind Blei-Säure-Batterien. Hier liegt der Elektrolyt in der Batterie flüssig vor.

Batterien dieser Art können sehr oft ge- und entladen werden (man spricht von einer Zyklenfestigkeit – einmal laden und einmal entladen = 1 Zyklus). Diese Batterien sollten nicht mehr als 30 % entladen werden. Deshalb werden sie überwiegend als Starterbatterien verwendet, wo sie nur ganz kurzzeitig (zum Starten des Motors) belastet und dann während der Fahrt wieder aufgeladen werden. Man kann also von einer 80-Ah-Batterie nur ca. 20-25 Ah nutzen.

Durch die hohe Zyklenfestigkeit können die Batterien noch gut eingesetzt werden, wenn eine Solaranlage mit an Bord ist, die die Batterien ständig nachlädt. (Aber auch Gel-, AGM- und Lithium-Batterien sind für Solaranlagen geeignet.) Ohne Solaranlage sollten Sie auf einen anderen Batterietyp umschwenken.

Deshalb finden Sie diese Batterien eigentlich auch nur noch in gebrauchten Fahrzeugen. Bei einem Wechsel des Batterietyps ist wahrscheinlich auch ein neues Ladegerät fällig. Hier müssen Sie abwägen, ob Sie das investieren möchten oder auf eine zweite oder eine stärkere Batterie ausweichen.

AGM-Batterie (© Büttner Elektronik)

AGM-Batterien

(Preis ab ca. € 150-400)

Bei AGM-Batterien wird der Elektrolyt in Mikroglasfasermatten gebunden. Die Batterien zeichnen sich durch hohe Speicherleistung und gute

Zyklenfestigkeit aus. Sie sind bei annähernd gleicher Leistung und Lebenserwartung etwa 10 % günstiger als Gel-Batterien.

Gel-Batterie (© Büttner Elektronik)

Gel-Batterien

(Preis ab ca. € 150-700)

Eine bessere Variante sind Gel-Batterien. Hier ist der Elektrolyt nicht flüssig (wie bei Blei-Säure-Batterien), sondern in einem Gel gebunden. Gel-Batterien haben eine hohe Zyklenfestigkeit, sind absolut wartungsfrei und auch die Selbstentladung ist sehr gering. Sie können bis zu 50 % entladen werden, sind aber auch ca. 50 % teurer als Blei-Säure-Batterien.

Lithium-Batterien (LiFePO4)

(Preis ab ca. € 800-3.000)

Diese Batterien werden aufgrund fallender Preise immer beliebter. Sie können komplett entladen werden, ohne dabei zerstört zu werden. Die Zyklenfestigkeit (und damit auch die Lebensdauer) ist fünfmal höher als bei Bleibatterien. Man rechnet heutzutage mit ca. 5.000 Zyklen. Das sollte eigentlich für ein Wohnmobilleben reichen. Wer sich eine Lithium-Batterie zulegt, sollte jedoch nicht das günstigste Modell wählen. Oft können bei diesen nur Ströme zwischen 50 und 60 A entnommen werden. Das reicht gerade einmal, um einen Wechselrichter mit 600 W zu betreiben. Damit können Sie aber noch nicht einmal eine Kapselkaffeemaschine betreiben, geschweige denn einen Fön.

Preisvergleich

Die Lithium-Batterie von Büttner Elektronik kostet in der 110-Ah-Ausführung € 1.699. Damit sollten Sie ungefähr rechnen, wenn Sie auf eine Lithium-Batterie umschwenken möchten.

Zum Vergleich einmal die Preise ähnlich starker Batterien (alle aus dem aktuellen Büttner-Katalog):

Die Blei-Säure-Batterie mit 125 Ah kostet € 239 (90 Ah = € 199).

Die AGM-Batterie mit 120 Ah gibt es für € 369 (100 Ah = € 298 bzw. 85 Ah = € 279)

Die Gel-Batterie mit 90 Ah kostet € 319.

Oft werden die Batterien (besonders bei Teilintegrierten und Alkovenmodellen) unter den Beifahrersitz gebaut. Hier ist Platz für zwei Batterien, die jedoch nicht größer als ca. 35 x 20 x 20 cm sein dürfen (bei einem Modell auf Fiat-Basis). Die oben genannten Batteriemodelle können dort eingebaut werden.

Ladegeräte

Nicht mit jedem Ladegerät können alle Batterien geladen werden. Gerade wer ein älteres Mobil sein Eigen nennt, sollte beim Batterietausch schauen, ob das eingebaute Ladegerät auch die modernen Batterien lädt. Die meisten Ladegeräte befinden sich unter dem Fahrer- oder Beifahrersitz (schauen Sie ggf. in die Bedienungsanleitung des Aufbauherstellers).

Jede Batteriesorte braucht eine eigene Ladekennlinie. Bei modernen Ladegeräten kann man diese einstellen. Meistens haben sie einen Schalter für Gel- oder AGM-Batterien. Ältere Ladegeräte haben meistens nur einen Ladestrom von wenigen Ampere, sodass das Laden sehr lange dauert. Schauen Sie in Ihr Handbuch für das Ladegerät, um herauszufinden, welche Batterietypen geladen werden können und wie hoch der Ladestrom ist.

Laden über die Lichtmaschine

Was bei Motoren bis zur Euro-5-Klasse noch kein Problem war, funktioniert leider bei modernen Euro-6-Motoren nicht mehr. Moderne Fahrzeuge haben eine „intelligente“ Lichtmaschine. Hier regelt die Elektronik, wann die Batterie geladen wird und wann die Lichtmaschine ihre Ladearbeit einstellt. Dummerweise orientiert sich die Lichtmaschine an der Starterbatterie des Fahrzeugs, die ja nur kurz belastet wird und deshalb relativ schnell auch wieder voll ist.

Gelöst werden kann dieses Problem durch den Einbau eines Ladeboosters. Dieser sorgt dafür, dass für die Bordbatterien immer genügend Ladestrom zur Verfügung steht und die Lichtmaschine ihre Arbeit erst einstellt, wenn alle Batterien voll sind. Ladebooster gibt es in vielen verschiedenen Größen und natürlich auch Preisklassen. Entscheidend beim Preis ist auch die Ladetechnologie. Einfache Geräte erkennen nicht, wenn die Batterie voll ist, und versorgen die Batterie weiterhin mit Volldampf, d. h., es liegt eine Spannung von 14,4 V an. Auf die Dauer kann das zu einer Zerstörung der Batterie führen. Bessere Geräte arbeiten mit einer Ladetechnik. Zuerst wird die Batterie mit einem konstanten (durch den Booster begrenzten) Ladestrom zu ca. 90 % geladen. Danach sinkt die Ladespannung kontinuierlich, bis die Batterie voll ist, und danach liegt nur noch eine Erhaltungsspannung an. Das schont die Batterie. Diese Geräte sind technisch aber natürlich viel aufwendiger gebaut. Deshalb gibt es einfache Ladebooster mit 8 A Ladestrom bereits für € 70, während der Preis für die Premiummodelle bis zu € 700 betragen kann.

Lithium-Batterien kommen problemlos auch mit hohen Ladeströmen klar. Deshalb können diese Batterien auch in kurzer Zeit komplett aufgeladen werden.

Die Ladeanzeige

Aber wie kann man erkennen, wie voll die Batterie ist? Viele schauen auf die Spannung auf ihrem Bordpanel, aber das ist sehr ungenau. Gel- und AGM-Batterien sind so gebaut, dass sie ihre Spannung möglichst lange stabil halten, erst kurz vor Schluss bricht sie rapide ein. Außerdem wird die Ladung ja auch in Ah angegeben und nicht in V.

Batterie-Computer (© Büttner Elektronik)

Wer es genau wissen möchte, braucht also einen Batteriecomputer, der alle Ströme, die von der Batterie abgehen, misst, und auch die

Ladeströme, die zur Batterie fließen, erfasst. Daraus errechnet er dann den Ladezustand der Batterie. Ein solches Gerät kostet bei Büttner ca. € 170. Dafür ist man dann auf der sicheren Seite. Der Einbau ist auch nicht allzu kompliziert. Alle Kabel, die zur Batterie führen, werden durch eine Induktionsspule (die wie eine Rohrschelle aussieht) gelegt. An der Spule sind drei Kabel (Plus (rot), Minus (blau) und ein schwarzes Datenkabel). Plus und Minus werden mit an die Batterie angeschlossen und das Datenkabel kommt in den Computer. Wer es nicht selbst machen möchte, sollte auch beim Fachhändler nicht zu viel Geld dafür zahlen.

Allen, die sich für das Thema Batterie und Strom im Wohnmobil interessieren, lege ich das Handbuch von Büttner Elektronik ans Herz.

Unter 💻 www.buettner-elektronik.de finden Sie einen Downloadlink, um sich das kostenlose Handbuch herunterzuladen.

Ein weiterer großer Hersteller in diesem Bereich ist die inzwischen zur Dometic Group gehörende Firma Waeco. Infos zu diesen Produkten finden Sie unter 💻 www.dometic.com.

Wechselrichter

Von 12 V auf 230 V

Wer Geräte benötigt, die auf 230 V angewiesen sind (Fön, Kapselkaffeemaschine, Mixer oder Küchenmaschine), benötigt einen Wechselrichter (auch Stromwandler genannt). Sinnvoll ist ein Wechselrichter auch für Wohnmobilisten, die unterwegs auf medizinische Geräte angewiesen sind. Diese funktionieren meistens nicht über 12 V. Auch zum Laden eines Laptops ist ein Wechselrichter empfehlenswert. Die meisten Laptops haben nur einen 230-V-Anschluss. Man kann zwar ein entsprechendes Gerät für 12 V nachkaufen, aber oft gibt es auch mehrere Laptops verschiedener Hersteller in einem Haushalt und üblicherweise hält ein Wohnmobil auch länger als ein Laptop und es müssten ständig neue Geräte gekauft werden. Aber auch zum Laden von E-Bikes kann der Wechselrichter verwendet werden.

Beim Wechselrichter gibt es zahlreiche Modelle, die entweder fest verbaut oder mobil an eine 12-V-Steckdose angeschlossen werden. Es gibt auch welche, die mit speziellen Klemmen direkt an die Batterie geklemmt werden. Geräte mit 12-V-Stecker sollten nicht mehr als 300 W haben und nicht zu lange betrieben werden, da die Ströme, die dort fließen, recht hoch und die Kabel meistens recht dünn sind. Auch die Kabel, die zur 12-V-Steckdose gehen, sind nicht sehr dick und die Steckdosen meistens nicht so hoch abgesichert. Zum Laden eines Laptops oder der E-Bikes reichen diese aber aus.

Größere Modelle (zwischen 600 und 2.000 W) sollten in direkter Nähe der Batterie montiert werden. Meistens liefert der Hersteller ein dickes Anschlusskabel mit ca. 1 bis 1,5 m Länge mit, das auch benutzt und nicht verlängert werden sollte. Gute Modelle haben eine intelligente Netzumspannung, d. h., sie erkennen, wenn 230 V am Wohnmobil anliegen und schalten sich dann automatisch ab. Für die anderen Modelle müssen spezielle Steckdosen montiert werden, die nur über den Wechselrichter betrieben werden, oder Sie nutzen die Steckdose, die direkt im Wechselrichter montiert ist.

Funktion

Bei einer Umwandlung von 12-V-Gleichstrom auf 230 V gibt es verschiedene Techniken. Die teuren Geräte wandeln den Strom in eine gleichmäßige Sinuswelle um. Hier spricht man von einem „reinen Sinuswellen-Wechselrichter".

Die preiswerten Geräte erzeugen diese Sinuswelle stufenförmig wie eine Treppe. Das benötigt weniger Technik und ist viel preiswerter. Diese Geräte gibt es bereits ab € 30 und sie liefern ca. 300 W. Der Anschluss erfolgt über den Zigarettenanzünder oder per Krokodilklemme direkt an der Batterie.

Nicht alle Geräte können jedoch mit diesem trapezförmig erzeugten Sinusstrom etwas anfangen. Vor allem elektronische Bauteile mit Mikroprozessortechnik benötigen einen reinen Sinusstrom, um zu funktionieren. Also benötigt man einen reinen Sinuswellen-Wechselrichter. Die Preise für diese Geräte beginnen bei € 200 für ein einfaches Gerät mit bis zu 1.000 W, während ein Gerät der Premiumklasse mit einer Spitzenleistung von 3.000 W auch schon bei € 1.200 liegen kann. Mit diesem Gerät könnte man auch die Klimaanlage im Fahrzeug betreiben.

Aber Achtung: Natürlich muss auch die Batteriekapazität dem Wechselrichter angepasst werden. Man kann keinen 3.000-W-Wechselrichter an einer 80-Ah-Batterie betreiben. Am besten lassen Sie sich von Ihrem Händler beraten oder informieren sich bei entsprechenden Herstellern.

Batteriepflege

Wenn das Wohnmobil nicht benutzt wird, sollte es an den Strom angeschlossen werden. Moderne Batterieladegeräte sorgen dafür, dass eine Erhaltungsladung anliegt und die Batterien nicht tiefentladen werden. Wer eine Solaranlage und das Fahrzeug draußen stehen hat, braucht sich in der helleren Jahreszeit eigentlich keine Gedanken zu machen. Dann sorgt die Sonne für ausreichend Ladestrom.

Wer sein Wohnmobil im Winter z. B. beim Bauern in einer Scheune ohne Strom stehen hat, muss sich dagegen schon ein paar Gedanken machen. Oft kommt man dann auch nicht jederzeit an sein Fahrzeug, um die Batterien aufzuladen. Deshalb empfehlen wir, sich im Kfz-Handel ein kleines mobiles Ladegerät (natürlich passend zur Batterie) anzuschaffen (z. B. von CTEK ab ca. € 70). Bauen Sie die Batterie(n) aus und hängen Sie sie zu Hause an das Ladegerät. Das Ladegerät erkennt, wenn die Batterie voll ist, und schaltet dann automatisch auf Erhaltungsspannung um.

Sollte es aus irgendwelchen Gründen nicht möglich sein, die Batterie auszubauen und zu Hause zu laden, trennen Sie den kompletten Aufbau vom Strom. Es gibt immer Bauteile, die sonst etwas Strom aus der Batterie ziehen. Einige Fahrzeuge haben einen Hauptschalter, an dem sich alles abschalten lässt, bei anderen müssen Sie die Polklemmen der Batterie lösen. Wer auf Nummer sicher gehen will, löst auch noch die Polklemmen der Starterbatterie. Aber Achtung! Dann funktioniert auch die Zentralverriegelung nicht mehr und das Fahrzeug muss manuell verriegelt (und im Frühjahr wieder entriegelt) werden.

Ansonsten sind Gel-, AGM- und natürlich auch Lithium-Batterien wartungsfrei. Bei Blei-Säure-Batterien muss jedoch regelmäßig der Füllstand kontrolliert und eventuell mit destilliertem Wasser nachgefüllt werden.

Solaranlagen – Strom aus der Sonne

Moderne Wohnmobile kommen kaum noch ohne eine Solaranlage aus. Wenn Sie handwerklich geschickt sind, können Sie die Montage selbst erledigen, für alle anderen geht der Weg über die Werkstatt. Zuerst müssen Sie aber wissen, wie hoch der Tagesbedarf an Strom ist und was so ein Modul leistet. Gehen wir für den Sommer einmal von drei Stunden TV aus (Betrieb über die Soundanlage des Radios), liegen wir bei 52 W. Dazu etwas Licht, die Wasserpumpe läuft auch ab und an und die Handys müssen auch geladen werden – insgesamt kommen wir auf ungefähr 65 W.

65 W bei 12 V = 5,4 A x 3 h = 16,2 Ah

(Die Leistung der Solaranlage wird normalerweise in Wp (Watt Peak) angegeben. Dies ist ein Wert, der nur im Labor unter idealen Bedingungen erreicht werden kann. Aber so kann man verschiedene Module gut vergleichen. Viele Hersteller verzichten bei der Angabe aber auf das p und schreiben nur W. Gemeint ist aber immer Wp.)

Wie viel ein Modul leistet, kommt natürlich auf das Wetter an. Eine Anlage mit 60 Wp liefert an einem sonnigen Tag zwischen Frühjahr und Herbst ca. 16 Ah

Solar-Komplettanlage (© Büttner Elektronik)

(90 Wp ca. 23 Ah und 120 WP ca. 33 Ah). Also würde für einen schönen Sommertag ein Modul mit 60 Wp ausreichen. Im Frühjahr und Herbst bräuchte man an einem nicht so schönen Tag wahrscheinlich schon ein 100-Wp-Modul. Meistens ist man aber bei schlechtem Wetter bedeutend länger im Wohnmobil und benötigt dann auch mehr Strom. Und wenn es etwas kälter ist, kommt abends auch noch die Heizungsanlage zum Einsatz. Dann verdoppelt sich der Stromverbrauch sehr schnell, so dass Sie schon zwei Module mit 100 Wp benötigen. Sie müssen natürlich schauen, ob auch genügend Platz auf dem Dach ist. (Die Module sind zwischen 1.000 und 1.600 mm lang, bei einer Breite zwischen 350 und 700 mm.) Außerdem hat man ja auch noch die Batterie als zusätzlichen Stromspeicher.

Wenn kein Platz auf dem Dach ist, können Sie auch auf faltbare Komplettanlagen zurückgreifen. Diese bleiben während der Fahrt im Reisemobil und werden erst auf das geparkte Fahrzeug gelegt (z. B. auf die Windschutzscheibe). Sie sollten die Anlagen allerdings nicht unbeaufsichtigt lassen, sonst besteht die Gefahr, dass nach Ihrer Rückkehr keine Anlagen mehr auf der Scheibe liegen.

Für die fest eingebauten Module gibt es inzwischen eine große Anzahl von Komplettpaketen mit unterschiedlichen Leistungen. In den Paketen sollte Folgendes enthalten sein:

- ▷ Solarmodul(e) mit gewählter Leistung
- ▷ entsprechende Haltemodule zum Aufkleben (geschraubt wird schon lange nicht mehr)
- ▷ eine Dachdurchführung für die Kabel
- ▷ Klebeset (bestehend aus Kleber, Haftprimer, Reiniger)

- ▷ UV-Kabel für außen
- ▷ Innenraumkabel
- ▷ Laderegler mit Kabelsatz
- ▷ weiteres benötigtes Kleinmaterial
- ▷ ausführliche Bedienungsanleitung

Einige Hersteller bieten ab Werk bereits eine Vorbereitung für die Solaranlage an (z. B. Carthago für € 195). Dann liegen alle Kabel schon da, wo sie hingehören, und man muss sie nicht selbst verlegen. Wenn man jedoch die komplette Solaranlage z. B. bei Carthago bestellt, bezahlt man für 2 x 100 Wp knapp € 2.000. Der Bausatz von Büttner kostet hingegen nur € 1.299 und wenn man etwas schaut, bekommt man ihn auch schon für € 899. Da kann man leicht eine Menge Geld sparen.

Auch bei Zubehörhändlern wie Fritz Berger oder Movera (☞ Anhang) kann man günstige Solarmodule aus chinesischer Fertigung kaufen. Das vergleichbare Set gibt es ab € 630. Außerdem gibt es zahlreiche Module in unterschiedlichen Bauformen und Leistungen, die man sich individuell zusammenstellen kann.

Das Notstromaggregat – nur für die Wildnis

Wer seinen Strom über ein Notstromaggregat erzeugen möchte sollte dies nicht auf Stell- oder Campingplätzen machen. Das gibt sonst wegen der Lautstärke garantiert Ärger mit dem Nachbarn oder Anwohnern. Wer jedoch in der Abgeschiedenheit Skandinaviens unterwegs ist, für den könnte ein Notstromaggregat eine alternative Energiequelle sein. Marktführer für mobile Stromerzeuger (im Wohnmobilbereich) ist die Firma Honda. Für Wohnmobile wird üblicherweise das Gerät EU10i angeboten. Es liefert am Gleichstromausgang ca. 8 A bei 12 V und verbraucht dabei ca. 0,5 l Benzin pro Stunde. Das Gerät wiegt etwa 14 kg und kostet um die € 1.000. Der Schalldruckpegel bei Betrieb liegt bei ca. 70 dB. Man hört also schon deutlich, dass das Gerät läuft.

Wer nicht zusätzlich Benzin für den Generator mitführen möchte, kann die meisten Modelle (bei Honda alle) auf Gasbetrieb umrüsten (Kosten: ca. € 100). Man kann das Gerät dann am Außengasanschluss des Wohnmobils anschließen (sofern einer vorhanden ist).

Die Brennstoffzelle – Strom auch an trüben Tagen

Als Alternative zum Notstromaggregat bietet sich die Brennstoffzelle an. Einziger Hersteller für solche Zellen in Reisemobilen ist die Firma Efoy. Wer sich für den exakten Ablauf der Stromerzeugung in der Brennstoffzelle interessiert, findet auf der Website von Efoy (💻 www.efoy-comfort.com) genaue Informationen. Ganz grob kann man sagen, dass aus Methanol und Wasser über eine Membran und einen Elektrolyten Strom erzeugt wird. Als Abgas entstehen nur Wasserdampf und Kohlendioxid.

Die Brennstoffzelle gibt es in drei Größen. Die kleinste ist die Comfort 80. Sie liefert 80 Ah pro Tag und ist für den Einsatz von Frühsommer bis Herbst ausgelegt. Es sollten nur Basisverbraucher wie Licht und Fernseher damit betrieben werden. Für einen Wechselrichter reicht der Strom nicht aus. Das Gerät kostet ca. € 2.600.

Das mittlere Modell ist die Comfort 140. Sie liefert ca. 140 Ah pro Tag und ist für den Einsatz von Frühjahr bis Herbst und gelegentlich auch im Winter ausgelegt. Angeschlossen werden können neben den Basisverbrauchern auch ein Wechselrichter bis max. 1.000 W. Es kann also auch einmal eine Kaffeemaschine betrieben werden. Der Preis liegt bei ca. € 4.000.

Das Topmodell ist die Comfort 210, die ca. 210 Ah pro Tag liefert. Das Gerät ist für den Ganzjahreseinsatz ausgelegt und man kann auch einen Wechselrichter mit mehr als 1.000 W damit betreiben. Mit diesem Modell kann man auch einen Fön in Betrieb nehmen. Es kostet ca. € 5.250.

Als „Brennstoff" für alle drei Geräte kommt Methanol zum Einsatz. Eine Patrone mit 5 l Inhalt kostet ca. € 30, 10 l ca. € 45. Als Verbrauch gibt die Firma Efoy 10 l für 4 Wochen an.

So funktioniert die Brennstoffzelle (© efoy)

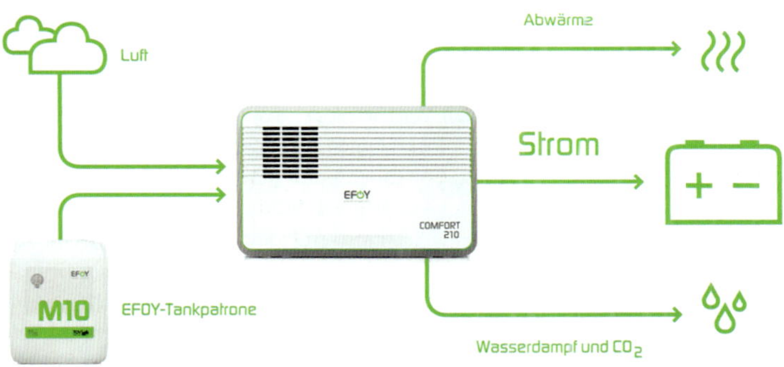

Zusammenfassung – Strom

Was brauche ich nun für mein Wohnmobil? Das kommt darauf an, wie hoch der Stromverbrauch und zu welcher Jahreszeit man unterwegs ist und ob man überwiegend auf Stell- oder Campingplätzen unterwegs ist oder lieber einsam und alleine steht.

Folgende Richtwerte lassen sich festlegen:

- ▷ kleineres Wohnmobil/Kastenwagen mit DVB-T-TV, LED-Leuchten und Kompressorkühlschrank: 1 AGM-Batterie mit 110 Ah und eventuell Solaranlage mit 80-100 Wp
- ▷ mittelgroßes Wohnmobil/großer Kastenwagen mit Satellitenfernsehen (TV bis 22") und Absorberkühlschrank: 2 AGM-Batterien mit je 110 Ah und Solaranlage 160 Wp
- ▷ großes Wohnmobil mit Satellitenfernsehen und großem TV, Absorberkühlschrank und Wechselrichter mit 1.700 W: 2 Gel-Batterien mit je 80 Ah und Solaranlage mit 200 Wp

Das sind Konfigurationen, die wir Ihnen als „Normalnutzer" empfehlen würden. Wenn Sie jedoch öfter autark stehen möchten, denken Sie lieber über eine Lithium-Batterie nach. Ein Notstromaggregat käme aus Lautstärkegründen für uns nicht in Betracht und bei einer Brennstoffzelle mit 80 Ah Leistung muss man schon ein großer Optimist sein, damit sich so eine Anschaffung rechnet. Dann doch lieber eine größere Solaranlage (wenn Platz ist) oder einfach einmal Strom sparen und ein Buch lesen, statt stundenlang TV zu schauen.

Gasanlage

Die Grundausstattung der Gasanlage besteht aus Gasflasche, Druckminderer, Anschlussschlauch mit Schlauchplatzsicherung (Pflicht bei Leitungen über 40 cm), Gasleitung und einem kleinen Verteilerblock, der sich meistens im Bereich der Küche befindet. Am Verteilerblock können die einzelnen Gasgeräte separat abgesperrt werden. Falls ein Gerät einmal eine Störung hat, können die anderen so trotzdem noch benutzt werden.

Verteilerblock (© MPG Gütersloh)

Dies ist aber nur die absolute Grundausstattung, die Sie benötigen, um im Wohnmobil mit Gas zu kochen, zu heizen oder den Kühlschrank zu betreiben.

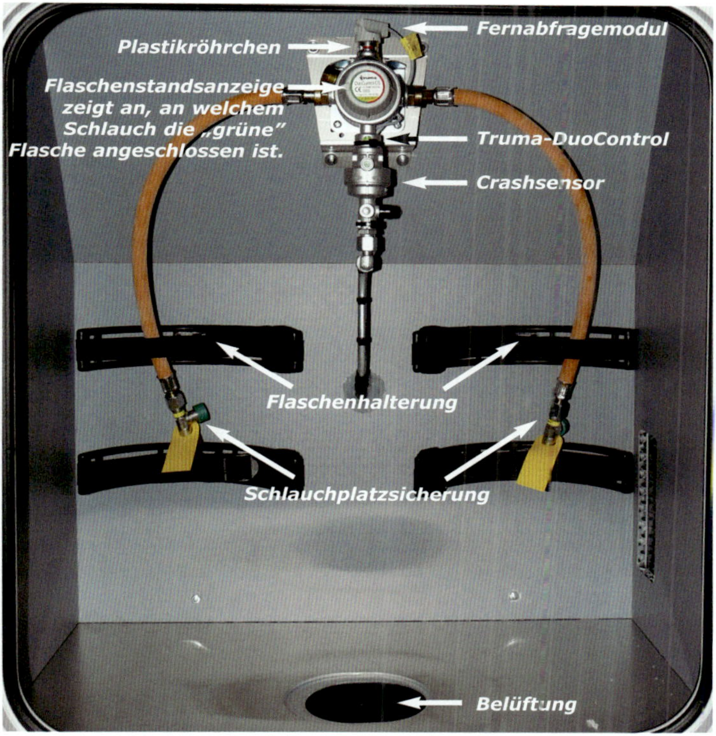

So sieht der Gaskasten in neuen Fahrzeugen mit DuoControl und Crashsensor aus, unten das Loch zur Belüftung (dg)

Sinnvolle Zusatzausrüstung sind eine Reservegasflasche sowie ein Crashsensor und eine Schlauchplatzsicherung. Den Crashsensor und die Schlauchplatzsicherung benötigen Sie, um gefahrlos während der Fahrt den Kühlschrank oder die Heizung für den Wohnraum mitlaufen zu lassen (☞ Zubehör). Wenn Sie die Gasanlage während der Fahrt betreiben möchten, muss der Aufbewahrungsort für die Gasflaschen belüftet sein, damit sich im Falle einer Undichtigkeit kein gefährliches Gasgemisch bilden kann. Ansonsten müssen die Gasflaschen

Sehr praktisch zum Flaschentausch: ein herausziehbarer Halter (d)

während der Fahrt am Flaschenventil zugedreht werden. Wenn die Gasflaschen nicht in einer speziellen Halterung stehen, muss auch der Gasschlauch oder der Druckminderer abgeschraubt und eine Schutzkappe auf das Flaschenventil gesteckt werden.

In den meisten Kastenwagen werden die Gasflaschen in einem Staufach unter dem Heckbett aufbewahrt. Da dieses oft nicht belüftet ist, müssen die Gasflaschen während der Fahrt zugedreht werden.

Gasleitungen werden in der Regel aus Stahlrohr verlegt. Der Durchmesser beträgt 8 oder 10 mm. Für die Verbindungen gibt es Winkel, Kupplungen oder T-Stücke. Diese Formteile besitzen konische Schneidringverschraubungen. Der Konus sorgt für die Dichtheit und der Schneidring verhindert das Herausrutschen des Rohres aus der Verschraubung.

Bevor Sie sich Gedanken über den Austausch oder die Neuanschaffung eines Gasgerätes machen, müssen Sie erst feststellen, wie viel mbar der Arbeitsdruck Ihrer Gasanlage beträgt. Dazu hilft ein Blick auf den Druckminderer, der sich im Gaskasten befindet. Früher gab es in Deutschland fast ausschließlich 50-mbar-Anlagen, während es in den meisten anderen europäischen Ländern nur 30 mbar waren. Inzwischen schwenken aber auch immer mehr deutsche Hersteller auf 30 mbar um. Die meisten Gasgeräte gibt es für beide Druckvarianten.

Achtung!

Arbeiten an der Gasanlage sollten nur von Fachleuten vorgenommen werden. Nach jeder Arbeit an der Gasanlage ist eine Druckprüfung notwendig, die Sie bei einem autorisierten Reisemobilhändler durchführen lassen sollten. Außerdem sollte jährlich eine erneute Gasprüfung vorgenommen werden. Im Anschluss erhalten Sie eine Plakette, auf der steht, wann die nächste Prüfung fällig ist. Einige Campingplatzbesitzer schreiben in ihren AGB vor, dass nur Fahrzeuge mit gültiger Gasprüfung auf dem Campingplatz geduldet werden. Dies ist keine Schikane, sondern dient der eigenen Sicherheit.

Gasflaschen

Gasflaschen können Sie in fast jedem Baumarkt oder auch beim Reisemobilhändler tauschen. Die Preise variieren jedoch sehr stark (zwischen € 15 und € 25 für eine 11-kg-Füllung).

Wer eine leere Stahlflasche kaufen möchte, muss mit Preisen um die € 50 rechnen. Ohne Füllung wiegt die Stahlflasche ca. 10 kg. Wer Gewicht sparen will, kann auch zur 11-kg-Aluflasche greifen. Diese wiegt nur etwas mehr als 5 kg, kostet dafür aber auch gleich € 150 (leer). Der Preis für die Füllung ist gleich.

Außerhalb Deutschlands werden auch Gasflaschen aus Kunststoff angeboten. Die Preise liegen bei ca. € 100. Die Flaschen wiegen etwa so viel wie die Aluflaschen, sind jedoch etwas größer. Man kann bei diesen Flaschen außerdem von außen sehen, wie viel Gas noch im Behälter ist. Leider ist das Füllen in Deutschland verboten und der Tausch einer leeren gegen eine volle Flasche fast unmöglich. Im Ausland aber (z. B. in Schweden) bekommen Sie die Gasflaschen an fast jeder Tankstelle. (An der Tankstelle ist ein weißer Stahlkasten mit roter Aufschrift AGA aufgestellt.) Vielleicht wird es in Deutschland ja auch irgendwann einmal diese Flaschen geben.

Einige Hersteller bauen ihre Fahrzeuge so, dass nur eine Gasflasche mitgenommen werden kann. Das bringt einige Nachteile mit sich. Wenn Sie im Ausland unterwegs sind, besteht oft nicht die Möglichkeit, die Gasflasche zu wechseln, da in vielen Ländern unterschiedliche Flaschenanschlüsse existieren. Wenn im Gaskasten nur Platz für eine Flasche ist, haben Sie also keine Reserve. Sie müssten daher (um sicherzugehen) vor der Abfahrt die angefangene Gasflasche gegen eine volle Flasche tauschen und selbst dann können Sie nicht sicher sein, dass der Gasvorrat ausreicht. Wenn Sie genug Platz, z. B. in der Garage, haben, können Sie gut verzurrt dort eine Reserveflasche unterbringen. Die Schutzkappe muss aufgesteckt sein.

Benötigen Sie mehr als zwei Gasflaschen, weil Sie z. B. Wintercamping machen möchten, müssen Sie Folgendes beachten:

- ▷ Die Gasflaschen müssen so gesichert werden, dass sie beim Bremsen und in Kurvenfahrten keinesfalls verrutschen können.
- ▷ Bei allen Gasflaschen muss eine Schutzkappe aufgesteckt und gesichert sein.
- ▷ Der Lagerplatz muss vom Wohnraum abgeschlossen und nach außen belüftet sein.
- ▷ Maximal dürfen bis zu 300 kg ohne Beförderungspapier transportiert werden.

Wenn Sie länger oder öfter in einem Land Winterurlaub machen, könnten Sie überlegen, sich eine Gasflasche mit Druckminderer und Schlauch in diesem Land zusätzlich zu erwerben oder auf eine Gastankflasche (☞ Abschnitt Gastankflasche) umzurüsten. Wenn Sie im Winter auf einem Campingplatz stehen, gibt es auch noch folgende Möglichkeit: Sie leihen sich vom Campingplatzbetreiber eine Gasflasche mit Druckminderer und Schlauch (falls nicht vorhanden, müssten Sie Sachen eventuell vor Ort kaufen) und ersetzen eine Ihrer Flaschen durch die geliehene. Wer einen Außengasanschluss hat, kann auch diesen nutzen und die Gasflasche (natürlich mit Druckminderer und passendem Schlauch) hieran anschließen. Damit die externe Gasflasche auch benutzt wird, sollten die eigenen Flaschen dann aber abgesperrt werden.

Gastankflaschen

Alternativ können auch Gastankflaschen in den Gaskasten verbaut werden, die Sie dann an der Tankstelle füllen können. Diese sehen wie normale Gasflaschen aus, haben aber einen Füllstopp eingebaut, der ein Befüllen der Flasche zu mehr als 80 % verhindert. Diese Gasflaschen müssen mit Stahlbändern fest mit dem Fahrzeug verbunden werden. Es wird ein Tankstutzen verlegt, mit dem Sie Ihr Fahrzeug an jeder LPG-Tankstelle betanken können. Europaweit gibt es nur drei verschiedene Adapter. Ein Set mit allen drei Varianten kostet ca. € 40.

Wir haben zwei Gastankflaschen bei Autogassysteme Rheinbach einbauen lassen und dafür ca. € 550 für das komplette Material sowie € 100 für den Einbau bezahlt.

Gastankflaschen werden auch von Wynen Gas angeboten. Eine Gastankflasche (11 kg) kostet mit Füllanschluss etwa € 270. Dazu kommen noch der Einbau und das Material zum Befestigen. Bei den Wynen-Flaschen hat jede Flasche einen eigenen Füllanschluss. Sie müssen beim Betanken die „Zapfpistole“ also zweimal aufschrauben.

Einfüllstutzen der Gastankflaschen (dg)

Der Tankvorgang

Schalten Sie alle Geräte aus, damit beim Betanken keine Funken durch den zündenden Kühlschrank oder die Heizung entstehen. Stellen Sie den Motor und auch das Handy aus – alles so wie beim Dieseltanken auch.

Schauen Sie, wo sich die LPG-Tanksäule befindet, und parken Sie nicht zu weit davon entfernt. Der Abstand zwischen Zapfsäule und Füllanschluss sollte nicht mehr als 1,5 m betragen. Der Gasschlauch ist zwar länger aber Sie müssen ihn dann beim Aufschrauben auf den Tankverschluss aus der Halterung ziehen und gleichzeitig schrauben, das ist sehr umständlich.

Der Füllanschluss am Wohnmobil besitzt ein normales Gewinde. Hier schrauben Sie nun den Adapter auf. Nehmen Sie die Zapfpistole in die Hand und halten Sie sie direkt (in gerader Linie) vor den Adapter. Das Vorderteil der Zapfpistole hat außen eine Hülse, die sich drehen lässt (einige Modelle besitzen auch ein größeres Zahnrad am Griff der Pistole, mit der sich die Hülse leichter drehen lässt). Halten Sie die Zapfpistole also vor den Adapter und drehen Sie die Hülse (alle Gewinde haben ein „normales Rechtsgewinde"). Das Gewinde sollte nun greifen und sich auf den Adapter aufschrauben lassen. (Es kann sein, dass das Gewinde nicht sofort greift. Versuchen Sie es wieder, bis es klappt. Es kann schon einmal etwas hakelig sein, dann hilft nur Geduld.) Schrauben Sie die Hülse handfest an. Benutzen Sie kein Werkzeug. Es ist so dicht.

Nun ziehen Sie (wie beim Benzin tanken auch) den Hebel der Tankpistole zu sich. Am unteren Ende (Richtung Tankschlauch) befindet sich ein kleiner (oft oranger) Hebel, mit dem Sie die Pistole arretieren können. Die Zapfpistole sollte nun geöffnet und arretiert sein und Sie hören ein Zischen. Keine Angst, bis hierher haben Sie noch kein Gas gefüllt und der Gastank der Tankstelle ist noch geschlossen. Warten Sie, bis das Zischen aufgehört hat. Nun hat ein Druckausgleich zwischen Ihrem Tank und dem Tankanschluss stattgefunden. Dann gehen Sie zur Tanksäule und suchen nach einem größeren Knopf. Gelegentlich wird auch ein Fußventil benutzt (Bedienungsanleitung der Zapfsäule beachten). Durch Druck auf den Knopf wird die Pumpe in Betrieb gesetzt und der Füllvorgang startet nach ein paar Sekunden. Es strömt nur so lange Gas aus, wie Sie den Knopf gedrückt halten. Drücken Sie den Knopf so lange, bis die Pumpe ausschaltet. Ihre Tankgasflaschen haben ein Ventil, das sich automatisch schließt, wenn die Flaschen ihren maximalen Füllstand erreicht haben.

Wenn die Pumpe abgeschaltet hat, lassen Sie den Druckknopf los und entriegeln die Pistole an dem kleinen Hebel, den Sie vorhin zum Arretieren benutzt haben. Mit einem Zischen entweicht das Restgas, das noch in der Pistole ist (nicht erschrecken). Jetzt lösen Sie die Pistole wieder von Ihrem Adapter. Den Adapter schrauben Sie auch wieder ab und bewahren ihn an einem sauberen Ort im Wohnmobil auf. Das Gewinde, in das Sie den Adapter eingeschraubt haben, sollte mit einer Schutzkappe wieder verschlossen werden.

Durch den Tankvorgang und den Druck, der dabei auf den Adapter ausgeübt wird, kann es sein, dass sich der Adapter etwas „festgesaugt" hat. Eventuell müssen Sie ihn mit einer Zange lösen. Legen Sie einen alten Lappen um das Gewinde, damit Sie es nicht beschädigen.

Zubehör

Wer bei uns wissen möchte, wie viel Gas noch in der Flasche ist, muss auf technische Hilfsmittel zurückgreifen. Die günstigste Methode ist: Gasflasche herausnehmen und wiegen. Am Griff (oder Kopf) der Flasche ist ein Typenschild eingeschlagen, auf dem das Leergewicht (Tara) steht.

Die ungenaueste Methode ist die Messung mithilfe eines Klebestreifens, der außen an der Flasche angebracht ist und auf Temperatur reagiert.

Es gibt aber auch spezielle Messgeräte. Die günstigsten (ab € 25) werden an der Flasche hochgeschoben und zeigen über eine Leuchtdiode an, wo noch Gas in der Flasche ist. Ähnlich funktioniert auch der LevelCheck von Truma (ca. € 70). Sehr zuverlässig (und unser Favorit) ist der Inhaltsmesser von Reich (Reich GIM, ca. € 130). Er wird mithilfe eines Magneten am oberen Rand der Flasche befestigt und zeigt auf Knopfdruck zuverlässig den Inhalt der Gasflasche an.

Das Luxusmodell ist der LevelControl in Verbindung mit der iNet Box von Truma. Der LevelControl wird unter die Gasflasche montiert und misst per Ultraschall den Füllstand. Die Daten werden dann an die iNet Box übertragen und können per Bluetooth oder SMS an das Smartphone übertragen werden (ca. € 300 für LevelControl und iNet Box).

Während der Fahrt müssen die Gasflaschen normalerweise abgesperrt werden. Wer dennoch den Kühlschrank auf Gas laufen oder im Winter noch zusätzlich zur Fahrerhausheizung die Gasheizung des Wohnmobils mitlaufen lassen möchte (je nach Größe des Wohnmobils reicht die Motorheizung oft nicht aus, um das ganze Wohnmobil zu wärmen), benötigt spezielle Sicherheitseinrichtungen, die bei einem Unfall die Gasversorgung abschalten. Direkt am Gasflaschenventil muss eine Schlauchplatzsicherung eingebaut werden und dahinter zusätzlich ein Crashsensor.

Dieser Crashsensor wird hinter den Gasdruckregler im Gaskasten eingebaut und kostet ca. € 30. Den Gasdruckregler gibt es von Truma als Monocontrol

Federwaage zum Wiegen der Flasche (b)

Inhaltsanzeiger oben an der Flasche (dg)

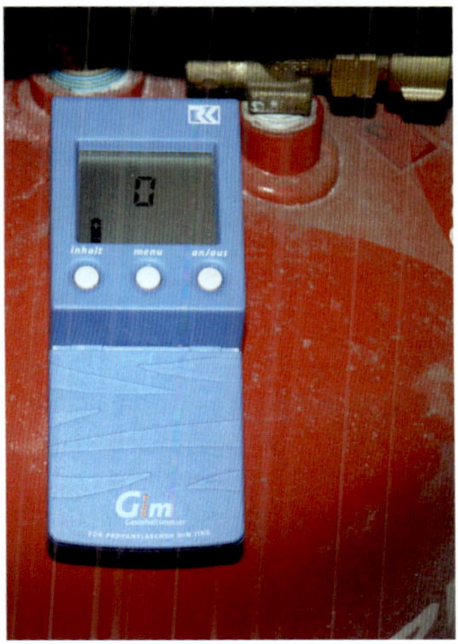

(€ 130, dann hat er nur einen Anschluss und man muss die Gasflasche manuell wechseln) oder für zwei Gasflaschen als DuoControl (€ 155, dann wird automatisch auf die zweite Gasflasche umgeschaltet, sobald die erste leer ist). Das Modell DuoControl CS hat den Crashsensor bereits eingebaut und kostet ca. € 190. Zum Überprüfen wirft man einen Blick auf das Plastikröhrchen oben auf dem Regler. Sieht man den grünen Ring, ist Flasche 1 in Betrieb, bei Rot Flasche 2. Es gibt auch eine Fernabfrage (€ 35), die ein Signal zum Bordpanel sendet. Dort blinkt es dann, wenn eine Flasche leer ist.

Im Winter, wenn es sehr kalt ist und viel Gas entnommen wird, kann sich ein Eispfropfen im Druckregler bilden. Um dies zu verhindern, kann man einen sogenannten EisEx (ca. € 50) nachrüsten. Damit wird der Regler beheizt und kann nicht einfrieren. Auch dieses wird über das Bordpanel gesteuert, aber nicht alle haben einen passenden Anschluss. Dafür gibt es von Truma ein Set „Fernanzeige DuoC mit EisEx" für ca. € 145.

Am Bordpanel (hier in einem Frankia-Wohnmobil) können Sie sehen, wie es um Ihre Batterie steht, wie viel Wasser jeweils in Frisch- und Abwassertank ist und ob schon auf die zweite Gasflasche umgeschaltet wurde (dg)

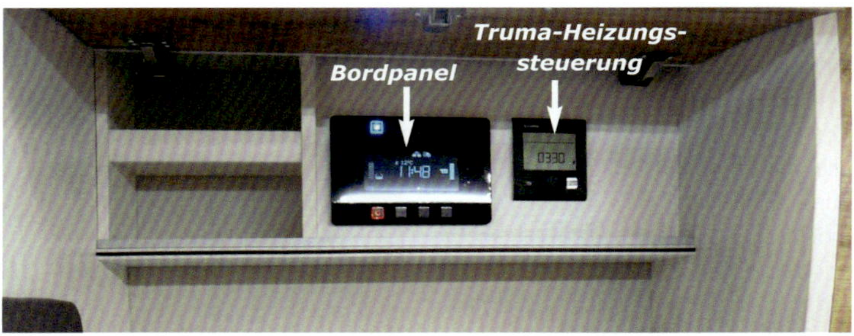

Wer lieber einem Gasgrill benutzen möchte oder gerne draußen kocht, weil er die Gerüche nicht im Wohnmobil haben möchte, kann sich auch einen Außengasanschluss einbauen lassen. Auch für einen Gasheizstrahler für kühle Abende lässt sich dieser Anschluss nutzen. Für den Außenanschluss gibt es von der Firma GOK eine fertige Kunststoffbox, die in die Außenwand des Reisemobils eingebaut wird. In der Kunststoffbox befindet sich ein Absperrventil mit Bajonettanschluss. Der passende Schlauch wird einfach eingesteckt, das Ventil wird geöffnet und schon ist der Grill einsatzbereit. Der Einbau sollte durch eine Fachwerkstatt erfolgen. Eine anschließende Dichtigkeitsprüfung sollte obligatorisch sein.

Wasser

Ihr Trinkwasser bewahren Sie üblicherweise in einem Kunststofftank auf, der sich im Boden Ihres Fahrzeugs oder unter dem Fahrzeug befindet. Das Wasser wird zum Kochen, Waschen und auch für die Toilette benutzt. Toiletten mit separatem Frischwassertank findet man eigentlich nicht mehr. Befüllt wird der Tank von außen durch einen Tankstutzen, der sich gelegentlich auch hinter einer Klappe verbergen kann. Damit es zu keinen Verwechslungen mit dem Dieseltank kommt, hat der Wassertank einen anderen Schlüssel als der Dieseltank. Üblicherweise passt für den Dieseltank der Zündschlüssel, während für alles andere der Schlüssel für die Stauklappen und die Aufbautür passt. Eigentlich sollte der Aufbauhersteller auch darauf achten, Diesel- und Wassertank möglichst weit auseinander zu setzen.

Wenn Diesel in den Wassertank gelangt ist:

- ▷ Schalten Sie auf gar keinen Fall die Wasserpumpe ein. Hat sich der Diesel erst einmal in der Trinkwasseranlage verbreitet, hilft nur noch ein Komplettaustausch der ganzen Anlage
- ▷ Entleeren Sie den Wassertank. Das sollten Sie auf alle Fälle direkt bei der (oder einer anderen) Tankstelle machen, weil Tankstellen spezielle Ölabscheider haben, damit kein Diesel in die Kanalisation gelangt. (Fragen Sie am besten den Tankwart, wo es möglich ist.)
- ▷ Nun benötigen Sie ein spezielles Reinigungsmittel für den Wassertank. (Von MultiMan gibt es z. B. die GreenBox (für verschiedene Tankgrößen), in der alles enthalten ist, was Sie benötigen.) Hier folgt nun die Beschreibung, wie Sie Ihren Tank mithilfe dieser Box wieder sauber bekommen. (Natürlich gibt es auch andere Produkte, die ähnlich funktionieren.)
- ▷ Als Erstes müssen die Dieselbeläge von den Tankwänden entfernt werden. Dazu mischen Sie die Flasche mit DieselWash I entsprechend der Bedienungsanleitung und lassen sie über Nacht einwirken. Dann fahren Sie wieder zur Tankstelle und entleeren den Tank.
- ▷ Mischen Sie als Nächstes das halbe Fläschchen DieselEx2 gemäß Bedienungsanleitung und lassen Sie es 6 Stunden einwirken.
- ▷ Fahren Sie wieder zur Tankstelle, entleeren Sie den Tank und wiederholen Sie diesen Schritt.
- ▷ Nach 6 Stunden fahren Sie wieder zur Tankstelle und entleeren den Tank erneut.

- ▷ Nun wird mit DieselClean3 der Dieselgeruch entfernt. Mischen Sie es nach Bedienungsanleitung an und lassen Sie es 6 Stunden einwirken. Nun kann der Tank in die Kanalisation entleert und der Vorgang wiederholt werden
- ▷ Nach weiteren 6 Stunden entleeren Sie den Tank ein letztes Mal und spülen mit Frischwasser nach.
- ▷ Bei jedem Schritt der Tankreinigung sollte das Fahrzeug vor der Entleerung des Tanks einige Kilometer gefahren werden, damit sich der Reiniger auch an alle Stellen des Tanks verteilt.
- ▷ Sollte es jetzt noch nach Diesel aus dem Wasserhahn riechen oder schmecken, reinigen Sie die komplette Anlage noch einmal mit KalkEx von MultiMan.
- ▷ Benutzen Sie beim Arbeiten mit den Chemikalien immer Schutzhandschuhe und Sicherheitsbrille (liegen der Verpackung bei).

Die GreenBox kostet € 110 für Tanks bis 125 l bzw. € 180 für Tanks bis 250 l (Infos und Shop: 💻 www.multiman.de).

Alternative Produkte gibt es von Yachticon (💻 www.yachticon.de, Dieselentferner für Trinkwassertanks, 10 l (reichen für einen 100-l-Tank) kosten € 90) und Dr. Keddo (💻 www.drkeddo.de, Dieselölentferner Diesolan Spezial, 5 kg (reichen für einen 100-l-Tank) kosten € 90). Bei beiden Produkten empfiehlt der Hersteller allerdings, die Anwendung mehrmals zu wiederholen (Dr. Keddo empfiehlt bis zu 9 Anwendungen, Yachticon schreibt „mehrmals wiederholen").

Die Größe des Tanks hat der Aufbauhersteller festgelegt. Normalerweise haben Sie einen Tankinhalt zwischen 80 l bei kleinen Fahrzeugen und 200 l bei größeren. Falls Sie es noch nicht wissen, schauen Sie in Ihrer Bedienungsanleitung nach, wo sich der Tank befindet. Wenn Sie ihn gefunden haben, sehen Sie einen großen, meist roten Verschlussdeckel. Den öffnen Sie, wenn Sie den Tank reinigen möchten oder an der Tauchpumpe arbeiten müssen.

Auf dem Tank befindet sich noch ein weiteres kleines Handrad. Mit diesem können Sie ein Ventil, welches im Tank eingebaut ist, öffnen und schließen. Zum Entleeren des Tanks können Sie das Ventil (mit zwei bis drei Umdrehungen) öffnen und das Wasser läuft unten aus dem Tank heraus. Dieses Ventil hat aber auch noch eine andere Funktion. Wenn Sie es nur ein wenig öffnen (meist reicht eine Umdrehung), läuft nicht der ganze Tank leer, sondern es verbleiben ca. 20-30 % Wasser im Tank. Gerade bei Fahrzeugen, die nicht so viel Zuladung haben, sollte man sich überlegen, ob man wirklich mit vollem Wassertank losfährt. Unterwegs ist es häufig kein Problem, Frischwasser nachzutanken. Außerdem braucht so viel Zuladung auch noch unnötig Diesel.

Die Pumpe

Um das Wasser vom Tank zu den Armaturen zu bringen, benötigt man eine Pumpe. Die günstigste Variante ist die Tauchpumpe. Ein kleiner Elektromotor treibt ein Plastikrädchen an und dieses befördert das Wasser in die Leitung zu den Armaturen. Die Pumpe ist direkt im Tank eingebaut und wasserdicht verklebt (reparieren ist also nicht möglich). Es wird kaum Wasserdruck erzeugt, aber der reicht aus, um das Wasser zur Dusche oder zum Waschbecken zu transportieren und sich zu waschen. Sie benötigen dafür eine Wasserarmatur mit eingebautem Mikroschalter. Den erkennen Sie daran, dass außer den beiden Anschlüssen für Warm- und Kaltwasser auch noch ein dünnes Kabel aus dem Unterteil der Armatur kommt (achten Sie beim Austausch der Armatur darauf). Wenn Sie die Armatur öffnen, betätigen Sie den Mikroschalter und dieser gibt über ein Kabel den Strom für die Wasserpumpe frei. So eine Wasserpumpe kostet ab € 15. Sie sollten immer eine Reservepumpe mitführen, da sie sehr schnell kaputtgehen können.

Alternativ können Sie auch eine Druckwasserpumpe verwenden. Diese Pumpe befindet sich außerhalb des Wassertanks und funktioniert über eine Membran, die Druck aufbaut. Mit dieser Pumpe können Sie auch mehrere Zapfstellen auf einmal bedienen und der Komfort bei der Wasserversorgung steigt deutlich. Eine Membranpumpe kostet ca. € 100.

Ein Wechsel von Tauchpumpe zu Druckwasserpumpe ist meistens problemlos möglich.

Hobbybastler können das auch selbst erledigen. Wasserleitung und Armaturen sind für Druckwasserpumpen ausgelegt. Sollten Sie aus irgendeinem Grund jedoch von einer Druckwasserpumpe zu einer Tauchpumpe wechseln wollen, müssen Sie sich vorher vergewissern, ob alle Armaturen einen Mikroschalter besitzen.

Ein kurzes Trockenlaufen der Pumpen ist meistens kein Problem. Die Tauchpumpe wird bei einer etwas längeren Laufdauer aber zerstört. Die Druckpumpe verträgt da schon mehr.

Beide Pumpen sind selbstansaugend – das bedeutet, dass Sie nichts machen müssen, damit die Pumpe Wasser fördert. Es sollte nur Wasser im Tank sein. Wenn Sie den Tank entleeren, müssen Sie die Druckpumpe aber an einem Schalter ausschalten. Sonst läuft sie unvermindert weiter.

Kommt bei einer Tauchpumpe kein Wasser aus der Armatur, gibt es eigentlich nur zwei Fehlerquellen:

1. Der Tank ist leer – tanken Sie nach.
2. Die Welle vom Elektromotor zum Schaufelrad ist gebrochen (die Pumpe summt, aber es kommt kein Wasser an) – tauschen Sie die Pumpe aus.

Wasserkonservierung

Je nachdem, woher Sie das Wasser bekommen oder wie lange Sie es verwenden möchten, müssen Sie Ihr Trinkwasser konservieren oder sogar desinfizieren.

Für eine Wochenendtour bei moderaten Temperaturen (bis zu 25 °C) können Sie das normale Trinkwasser aus Ihrem Wasserhahn benutzen. Ihr Wasserversorger hat bereits alles Nötige veranlasst. Bleibt das Wasser länger im Tank oder wird es wärmer, sollte eine Wasserkonservierung ausreichen. Im Ausland sollte das Wasser zusätzlich desinfiziert werden (direkt beim Betanken des Wassertanks). Schmeckt das Wasser schon stark chlorhaltig, können Sie auf eine Desinfektion in den meisten Fällen verzichten. Wenn Sie Mineral- oder Quellwasser (in größeren Behältern ab 5 l) zum Kaffeekochen benutzen, sollten Sie das Wasser nach dem Öffnen ebenfalls konservieren.

Wasserkonservierung mit Silberionen

Diese Konservierungsmethode eignet sich für saubere Trinkwassersysteme. Das Wasser bleibt für eine längere Zeit haltbar und verkeimt nicht weiter. Es wird bei „Wasser aus sicheren Quellen" verwendet. Damit ist gemeint, dass man sicher sein kann, dass das Wasser sauber und trinkbar ist (z. B. in Deutschland aus der öffentlichen Wasserversorgung).

Beispielprodukte:

▷ MultiMan Purosil (flüssig oder als Pulver), Pulverfläschchen mit 100 g Pulver für 10.000 l Wasser, Preis: ca. € 25 = € 0,25 pro 100 l Wasser (Info und Shop: www.multiman.de)

▷ Katadyn Micropur Classic (flüssig), verkauft in Fläschchen für 1.000 l Wasser, Preis: ca. € 13 = € 1,30 pro 100 l Wasser (Info: www.katadyn.com)

▷ Yachticon Aquaclean (flüssig), verkauft in Flaschen für 1.000 l Wasser, Preis: ca. € 10,50 = € 1,05 pro 100 l Wasser (Info und Shop: www.yachticon.de)

Wasserkonservierung mit Chlor

Das Wasser wird desinfiziert und konserviert. Diese Methode kann bei „Wasser aus unbekannten Quellen“ angewendet werden. Auch bakteriell belastetes Wasser kann verwendet werden. Die Bakterien werden abgetötet und das Wasser wird konserviert. Bei richtiger Dosierung ist auch kein Chlorgeschmack im Wasser zu befürchten. Dieser entsteht erst bei Überdosierung.

Beispielprodukte:

▷ MultiMan Chlorosil (flüssig oder als Pulver), Pulverfläschchen mit 100 g Pulver für 10.000 l Wasser, Preis: ca. € 25 = € 0,25 pro 100 l Wasser (Info und Shop: 💻 www.multiman.de)

▷ Katadyn Micropur Forte (flüssig), verkauft in Fläschchen für 1.000 l Wasser, Preis ca. € 16 = € 1,60 pro 100 l Wasser (Info: 💻 www.katadyn.com)

▷ Yachticon Aquaclean Quick (flüssig), verkauft in Flaschen für 1.000 l Wasser, Preis ca. € 12 = € 1,20 pro 100 l Wasser (Info und Shop: 💻 www.yachticon.de)

Wasserkonservierung mit Silberkugel

In den Wassertank wird eine Silberkugel oder ein Silbernetz gehängt oder gelegt. Dadurch sollen Silberionen an das Wasser abgegeben und das Wasser keimfrei und konserviert werden.

Vorteil: Keine Arbeit, das Netz oder die Kugel werden einmal in den Tank geworfen und fertig.

Nachteil: Beim Test der Zeitschrift Autobild Reisemobil wurden die Silberkugeln von Dr. Keddo getestet und es konnte keine Wirkung nachgewiesen werden. Es wurde allerlei im Trinkwasser gefunden, aber keine Silberionen.

▷ Silberkugeln von Dr. Keddo, Preis: ca. € 45 für 1 kg (Info und Shop: 💻 www.drkeddo.de)

Tankhygiene

Das wohl am meisten diskutierte Thema im Bereich Tankhygiene ist: Wirken Gebissreiniger-Tabs als Tankreiniger oder nicht?

Betrachten wir es einmal so: Ein Tab ist dazu ausgelegt, in einem Glas Wasser (0,2 l) eine Lösung herzustellen, die das Gebiss reinigen und einen angenehmen

Geschmack hinterlassen soll. Wenn man die Reinigungsleistung auf einen 160-l-Wassertank hochrechnet, benötigt man ca. 800 Tabs. Das ist zum einen sehr teuer und brodelt zum anderen ganz schön heftig im Tank, wenn man sie reinwirft. Außerdem werden sich nicht alle Tabs restlos auflösen, sodass immer ein Schleim im Tank liegen bleibt – ein hervorragender Nährboden für Bakterien aller Art. Wer Wert auf den Geschmack legt, sollte es lieber einmal mit Aromazusätzen für den Wassersprudler versuchen. Da kann man sogar öfter mal den Geschmack ändern.

Um sauberes und keimfreies Trinkwasser zu behalten, müssen Sie einige Grundregeln beachten.

Der Tank sollte vor jeder Saison gründlich gereinigt werden. Dafür gibt es spezielle Reiniger im Handel. Es werden meistens mehrere Mittel benötigt: als Erstes eines gegen die mikrobiellen Beläge, dann eines zur Desinfektion und Reinigung und zum Schluss ein Mittel gegen Kalkablagerungen. Im Handel erhalten Sie dafür fertig zusammengestellte Sets mit den entsprechenden Mitteln.

Beispielprodukte:

▷ Bei Fritz Berger können Sie die certibox-Sets für Tanks bis 100 l (€ 30) oder bis 250 l (€ 40) kaufen. (Info und Shop: 💻 www.fritz-berger.de)

▷ Bei MultiMan gibt es Boxen für unterschiedlich stark verunreinigte Tanks. Sie haben verschiedene Farben (von gelb für leicht verunreinigt über rot und pink bis zu schwarz für die Komplettsanierung der Trinkwasseranlage). Die Yellow Box für Tanks bis 125 l kostet € 33, für Tanks bis 250 l liegt der Preis bei € 43. (Info und Shop: 💻 www.multiman.de)

☺ Auf YouTube können Sie sich in einem Video von MultiMan ansehen, wie man bei der Tankreinigung am besten vorgeht. Sie finden es über die Webseite 💻 www.multiman.de/videos.

✋ Die flüssigen Zusätze lassen sich nur sehr schlecht abmessen und in den Tank einfüllen. Kaufen Sie sich am besten eine einfache Pipette oder Spritze.

Der Wasserschlauch sollte ausschließlich für die Trinkwasserversorgung im Wohnmobil verwendet werden und nicht auch noch zum Autowaschen. Es gibt spezielle Füllschläuche, die platzsparend aufgerollt werden können. Beim Aufrollen wird dabei das Wasser aus dem Schlauch gedrückt. Der Schlauch sollte an einem gut belüfteten Ort aufbewahrt werden, damit er nicht verkeimt. Der Preis für einen 10 m langen Schlauch (komplett mit Steck-(Gardena-) Anschluss und Trommel) liegt bei ca. € 30.

Um das Wasser in den Tank zu bekommen, gibt es spezielle Wassertankdeckel mit Steckanschluss. Die Zapfventile in Deutschland haben fast immer einen Gewindeanschluss mit ¾-Zoll-Außengewinde. Nicht jedoch unsere Nachbarn in Frankreich. Hier gibt es Modelle von gar kein Gewinde – dann benutzen Sie einen Steckanschluss, der oben ein Stück Gummischlauch mit Schlauchklemme hat – bis zu einem 1-Zoll-Innengewinde. Vermutlich werden Sie in einem dreiwöchigen Frankreichurlaub kaum mehr als zweimal denselben Wasseranschluss finden. Inzwischen ist unsere Box mit Steckanschlussstücken schon erheblich umfangreicher geworden, aber für alle Fälle haben wir auch noch eine Gießkanne im Fahrzeug. Auch ein Spanngurt sollte immer im Wohnmobil sein. Gelegentlich gibt es Zapfventile, die ihren Inhalt nur freigeben, wenn man einen dicken Knopf drückt. Legen Sie den Spanngurt über den Knopf und um die Entsorgungsstelle und spannen Sie ihn, bis der Knopf gedrückt bleibt.

Weiterhin sollten Sie noch Folgendes beachten:

▷ Verwenden Sie niemals einen Wasserschlauch, der an der Entsorgungsstation herumliegt. Sie wissen nicht, ob der Kollege vor Ihnen den Schlauch nicht dazu benutzt hat, seinen Fäkalientank gründlich auszuspülen.

▷ Lassen Sie das Wasser erst einmal eine Weile durch den Schlauch laufen und gießen Sie mit den ersten Litern die Blumen, bevor Sie Ihren Tank füllen.

▷ Benutzen Sie an Entsorgungsstationen nicht den unteren Wasserauslauf. Der ist zum Reinigen der Fäkalienkassette gedacht.

▷ Eigentlich selbstverständlich: Benutzen Sie keine Zapfventile mit der Aufschrift „Kein Trinkwasser"!

▷ Verwenden Sie im Zweifel lieber ein chlorhaltiges Konservierungsmittel (☞ oben). Dabei füllen Sie den Tank erst zu 25 % mit Wasser und geben dann das Mittel dazu. Einige Wohnmobile haben zwei Tanks, die miteinander gekoppelt sind. Hier muss das Mittel dann entsprechend zweimal zugegeben werden. Die Größe der jeweiligen Tanks entnehmen Sie der Bedienungsanleitung.

☺ Frankia bietet in ihren Wohnmobilen einen völlig separaten kleinen Tank, nur für das Wasser zum Trinken an, den man ausbauen und ganz einfach säubern kann (wenn er denn überhaupt verkeimt, da die Leitungen direkt vom Tank auf kurzem Weg zum Wasserhahn gehen und er oft neu aufgefüllt werden muss).

Winter

Am Ende der Saison füllen Sie alle Tanks mit Wasser und einem chlorhaltigen Konservierungsmittel. Nehmen Sie ruhig die doppelte Dosis. Vergessen Sie auch nicht, die Schläuche und den Warmwasserbehälter ebenfalls mit dieser Mischung zu befüllen. Dann können Sie das Fahrzeug über Winter (frostfrei, bei mehr als 8 °C, sonst löst der Frostschutzwächter aus) abstellen. Wenn Sie keine Möglichkeit haben, das Fahrzeug frostfrei unterzustellen, müssen Sie alles (auch den Warmwasserboiler) entleeren und im nächsten Frühjahr eine Grundreinigung durchführen. Der Einsatz von Frostschutzmitteln bringt nichts, da der Frostwächter auslöst und alles leerläuft.

Toilette

In fast allen Wohnmobilen ist inzwischen eine Toilette fest installiert. Einzig in Campingbussen wird noch mit einem Porta Potti gearbeitet. Dies ist eine tragbare Toilette, die nach Gebrauch wieder unter einer Sitzbank (oder im Stauraum) Platz findet.

Marktführer im Toilettenbereich ist die Firma Thetford, dicht gefolgt von Dometic. Andere Hersteller spielen fast keine Rolle. Von beiden Herstellern gibt es inzwischen Modelle mit einer Keramikschüssel.

Fest installierte Toiletten haben eine Kassette, in der die Fäkalien gesammelt werden.

Die Fäkalienkassette hat eine Kapazität von 16-18 l. Wer viel abseits der Zivilisation unterwegs ist, sollte über die Anschaffung einer Ersatzkassette nachdenken. Das Modell von Dometic kostet € 239, bei Thetford gibt es eine Ersatzkassette (je nach Modell) ab ca. € 180.

☺ Wer Geld beim Kauf einer Ersatzkassette sparen möchte, kauft sich von Thetford das sogenannte „Fresh-up Set". Dann gibt es die Fäkalienkassette mit einem neuen WC-Sitz mit Deckel ab € 99 (meistens ist auch noch eine Probe Toilettenchemie dabei). Bei Dometic heißt das Ganze „Renew Set" und ist ab € 140 erhältlich.

Einige Wohnmobile haben als Extra einen größeren Fäkalientank eingebaut. Ist die Kassette voll, pumpt man den Inhalt in den Fäkalientank, den man dann bei nächster Gelegenheit an einer entsprechenden Entsorgungsstation entleeren kann.

Für die Spülung nutzen fast alle modernen Toilettensysteme das Wasser aus dem Frischwassertank. Sie müssen also keinen separaten Spülwassertank nachfüllen.

Für die Toilette im Wohnmobil sollte nur spezielles Toilettenpapier benutzt werden. Das Papier ist besonders gut löslich und soll Verstopfungen verhindern. Daher ist es auch nur zweilagig und kostet im 4er-Pack (jede Rolle à 250 Blatt) € 3,50 (bei Fritz Berger). Wer will, kann natürlich auch das „normale" Toilettenpapier von zu Hause benutzen. Dieses gehört dann jedoch nicht in die Kassette (spätestens beim Ausschütten wissen Sie warum), sondern in einem kleinen Kosmetikmülleimer, der neben der Toilette steht (keine Angst, es stinkt nicht wenn Sie regelmäßig leeren). Auch Tampons und Binden gehören hier hinein.

Um zu verhindern, dass sich das Toilettenpapier durch das gleichmäßige Schaukeln während der Fahrt vom Papierrollenhalter abwickelt, gibt es einen kleinen Trick: Drücken Sie die Rolle Toilettenpapier einmal zusammen, sodass der Pappkern in der Mitte oval wird. Dadurch wird das Abwickeln erschwert.

Um die Gerüche aus der Toilette loszuwerden, kann man einen Ventilator an die Fäkalienkassette anschließen. Beim Modell von SOG benötigen Sie keine zusätzliche Chemie. Durch den erhöhten Sauerstoffzusatz wird die Zersetzung im Fäkalientank gefördert.

Wer auf die klassische Lösung setzt, sollte auf Tabs zurückgreifen. Die Anwendung ist sauber, einfach und die Dosierung immer richtig. Geben Sie einfach nach der Entleerung der Fäkalienkassette einen Tab mitsamt der Folie (sie löst sich im Wasser auf) in die Kassette und fertig.

Gute, hochwirksame Toilettentabs sind z. B.:

▷ MultiMan ToiTab 16, 16 Tabs für eine 20-l-Kassette, ca. € 17
(Info und Shop: 💻 www.multiman.de)

▷ Thetford Aqua Kem Blue Sachets, 15 Tabs für ca. € 18
(Info: 💻 www.thetford-europe.com/de)

▷ Dometic Power Care Tabs, 16 Tabs für ca. € 16
(Info und Shop: 💻 www.dometic.com/de)

☺ Eine Essiglösung im geleerten und ausgespülten Tank verhindert Geruchsbildung bei längerer Nichtbenutzung.

Heizung und Warmwasser

Das Heizungsmodell wird bei der Konfiguration des Neufahrzeugs festgelegt. Ein späterer Umbau ist wegen der hohen Kosten für die notwendigen Umbauten im

Innenraum fast ausgeschlossen. Als Energieträger stehen Diesel, Strom oder Flüssiggas zur Verfügung.

Vorteil bei Diesel: Sie benötigen keinen zusätzlichen Tank und der Treibstoff ist fast überall zu bekommen.
Nachteil: Es riecht immer etwas nach Diesel und die Heizung ist nicht besonders umweltverträglich (bei der Verbrennung entstehen Feinstaub und Stickoxyde).

Vorteil bei Flüssiggas ist die saubere und effiziente Verbrennung. In vielen Gegenden ist Gas außerdem gut zu beschaffen.
Nachteil: Es werden zusätzliche Tanks oder Gasflaschen verwendet (☞ Kapitel Gasanlage).

Vorteil bei Strom: Bei der Nutzung entstehen am Fahrzeug keine Abgase. Sauber und leise.
Nachteil: Es gibt keine ausreichende Speichermöglichkeit im Fahrzeug. Sie sind auf externe Anschlüsse angewiesen und dann ist die Energie meistens sehr teuer. Das Heizen mit Strom wird auch meist nur als zusätzliche Option zu Diesel- oder Gasheizung angeboten und lohnt sich eigentlich nur bei einer pauschalen Abrechnung.

Es gibt drei Möglichkeiten, den Innenraum des Fahrzeugs zu beheizen:

Die Standheizung

Die Standheizung wird überwiegend in kleineren Kastenwagen und Campingbussen eingebaut. Sie wird meistens mit Diesel betrieben. Der Vorteil ist, dass man keinen zusätzlichen Tank oder eine Gasflasche zum Heizen benötigt. Nachteil ist der ständige Dieselgeruch rund um das Fahrzeug und die Geräusche, die beim Betrieb entstehen. Die Wärme wird über die Luft übertragen, die an einem Wärmetauscher vorbeigeblasen, erwärmt und über Luftkanäle im Fahrzeug verteilt wird.

Die Truma-Heizung

Die Truma (benannt nach der Herstellerfirma) arbeitet mit Flüssiggas oder (neuerdings auch) mit Strom. Auch hier wird Luft an einem Wärmetauscher vorbeigeblasen und im Fahrzeug verteilt. Nachteil einer solchen Heizung ist die ständige Umwälzung der Luft im Fahrzeug. Dadurch wird immer viel Staub aufgewirbelt und die Luft wird sehr trocken. Außerdem wird das Wohnmobil nicht gleichmäßig erwärmt. Gerade im Winter ist es bei teilintegrierten Mobilen oder Alkovenmobilen im nicht so gut isolierten Fahrerhaus noch recht kalt, während es im Aufbau bereits kuschelig warm ist. Wer also vorne auf dem (Bei-)Fahrersitz sitzt, friert, während alle anderen hinten schwitzen. Die Heizung erreicht auch nicht jede Ecke des Wohnmobils und an den kalten Stellen kann Schwitzwasser entstehen.

Der Vorteil ist, dass die Heizung sehr direkt wirkt und es relativ schnell warm wird. Die Heizung hat auch einen eingebauten Warmwasserspeicher. Zum Duschen kann man diesen separat ansteuern und das Warmwasser auf 40 °C oder 60 °C erhitzen. Das Wasser wird aber auch im reinen Heizbetrieb miterwärmt. Die Temperatur hängt dann von der Laufzeit der Heizung ab.

Die Alde-Heizung

Auch die Alde-Heizung wird mit Flüssiggas betrieben. Im Gegensatz zur Truma wird bei der Alde ein Glykolgemisch erwärmt und die Wärmeverteilung erfolgt über Heizkörper oder (und) über eine Fußbodenheizung (ähnlich wie bei der Heizung im Wohnhaus). Dadurch entsteht eine hohe Luftzirkulation und es bleiben keine kalten Ecken im Wohnmobil, an denen sich Schwitzwasser bilden kann. Deshalb bietet die Alde-Heizung einen viel größeren Heizkomfort und ermöglicht eine gleichmäßige Erwärmung des gesamten Wohnmobils. Auch sie erwärmt bei Betrieb das Warmwasser.

Zusätzlich gibt es für die Alde-Heizung einen Booster, der unter dem Fahrersitz eingebaut ist. Dabei handelt es sich um ein zweistufiges Heizgebläse, das dafür sorgt, dass auch der Fußraum im Wohnmobil gut beheizt wird und sich kein Schwitzwasser bildet. Als zusätzliche Option wird noch ein Wärmetauscher extra angeboten, der in den Kühlkreislauf des Motors eingebaut wird. Damit kann das Wohnmobil während der Fahrt auch über diesen beheizt werden.

Wenn Sie eine Alde-Heizung haben, sollten Sie immer etwas Glykol (Frostschutzmittel) in Reserve haben. Durch Ausgasung und Temperaturschwankungen geht immer etwas verloren und Sie müssen nachfüllen. Dies machen Sie am Ausgleichsbehälter für die Heizungsanlage, der sich immer am höchsten Punkt der Anlage befindet (die genaue Position entnehmen Sie der Bedienungsanleitung des Aufbaufahrzeugs, meistens in einem der oberen Stauschränke) und deshalb meist nur schwer zu erreichen ist. Es ist ein transparenter Plastikbehälter mit Schraubverschluss. Benutzen Sie nur das Glykol von Alde und vermeiden Sie es, dieses mit Glykol anderer Hersteller zu mischen. Nicht alle Glykolsorten vermischen sich miteinander. Zum Nachfüllen haben wir uns eine Plastikdruckflasche mit gebogener Spitze gekauft (📷 nächste Seite). Damit klappt es problemlos.

Gemeinsamkeiten von Truma- und Alde-Heizung

Der Kundendienst für beide Heizungsmodelle wird von der Firma Truma übernommen. Für beide Heizungen gibt es Fernabfragemodule, sodass Sie die Heizung mit einer App über das Handynetz bedienen können. Bei beiden Typen sind zusätzliche Elektroheizstäbe eingebaut, sodass man die Heizung auch elektrisch betreiben kann. Aber Vorsicht! Der Betrieb kann sehr teuer werden. Verwenden Sie die Heizstäbe nur, wenn der Strom auf dem Platz inklusive ist oder Sie aus irgendeinem Grund Gas sparen müssen. Der Heizwert von Flüssiggas liegt bei etwas mehr als 12 kWh/kg. Aus einer Flasche mit 11 kg Gas bekommen Sie also ca. 132 kWh. Der Preis für eine Füllung liegt (im Baumarkt) bei ca. € 19, also ca. € 0,15 pro kWh. Noch günstiger ist es für Wohnmobilisten, die einen Gastank haben. An den Gastankstellen bekommen Sie den Liter schon für € 0,60, das entspricht ca. € 1,20 pro kg, also ca. € 0,10 pro kWh.

Flasche zum problemlosen Nachfüllen des Glykols (dg)

Wenn Sie mit Strom heizen, bezahlen Sie zu Hause ca. € 0,25 pro kWh (je nach Vertrag, den Sie mit Ihrem Energieunternehmen geschlossen haben). Auf dem Stell- oder Campingplatz werden aber gern € 0,50 bis € 1 pro kWh genommen. Das kann dann schnell sehr teuer werden.

Beide Heizungen haben einen eingebauten Warmwasserspeicher (Alde 8,5 l, Truma 10 l), sodass Sie für die Warmwasserbereitung kein zusätzliches Gerät benötigen.

Gesteuert werden beide Heizungen über ein Panel im Innenraum des Fahrzeugs. Hier können Sie auch Schaltzeiten und Temperaturen für den Tag- und Nachtbetrieb festlegen und die Wassertemperatur einstellen. Erwärmen Sie Warmwasser aber nur, wenn Sie es benötigen. Im Warmwasserbetrieb ist die Heizungspumpe (oder das Heizgebläse) ausgeschaltet.

Für unterschiedliche Temperaturen im Wohnmobil sorgt normalerweise schon der Hersteller, da er die Heizflächen (oder Lufteinlässe) im Wohnmobil unterschiedlich berechnet. So finden sich im Wohnbereich größere Heizflächen (oder mehr Lufteinlässe) als im Schlafbereich.

Beide Heizungen haben im Trinkwasserkreislauf ein Frostwächterventil. Der Frostwächter ist ein Schutz für die Heizungsanlage, damit der Boiler bei Frost nicht platzt. Das würde sonst teuer, da die ganze Heizungsanlage erneuert werden müsste. Sollte es kälter werden, löst der Frostwächter aus (je nach Modell reichen schon zwischen 5 und 8 °C) und der Boiler läuft leer. Dummerweise läuft meistens auch der ganze Wassertank mit leer und man setzt den ganzen Stellplatz unter Wasser (bei Frost auch unter Eis). Um das zu verhindern, sollte man im Winter immer das Wasser im Boiler erwärmen. Es reicht meistens einmal morgens und einmal abends.

Kühlschrank

Im Reisemobil kann es zwei Arten von Kühlschränken geben: den Kompressorkühlschrank, der ausschließlich mit Strom funktioniert, und den Absorberkühlschrank, der mit wechselnden Energiearten wie Gas und Strom betrieben werden kann. Den Kompressorkühlschrank finden Sie meistens in kleinen Kastenwagen oder Bussen, in allen anderen ist ein Absorberkühlschrank eingebaut.

Der Kompressorkühlschrank

Kühlschränke, die nach dem Kompressionsverfahren arbeiten, arbeiten meistens mit dem Kältemittel Freon (CF2C12). Im Inneren des Kühlraums befindet sich der Verdampfer und darin das flüssige Kältemittel. Dieses nimmt die Wärme im Kühlraum auf und wird dabei gasförmig, im Kühlschrank wird es kalt. Der Kompressor, der sich außerhalb des Kühlraums befindet, saugt das gasförmige Kältemittel an und befördert es in den Kondensator auf der Rückseite des Kühlschranks. Er hat zahlreiche Kühlrippen, die bei Betrieb warm werden. Das Kältemittel kann aus dem Kondensator nur über ein sehr dünnes Kapillarrohr entweichen, durch das der Kompressor es hindurchpresst. Durch den hohen Druck wird das Kältemittel erwärmt. Weil die Kühlrippen nun kälter sind als der Dampf, kommt es zu einer Kondensation und der Dampf wird flüssig. Die dabei frei werdende Wärme wird über die Kühlrippen an die Umgebung abgeben. Nachdem das nun flüssige Kühlmittel durch das Kapillarröhrchen gedrückt wurde, wird es in ein größeres Rohr geleitet. Dadurch nimmt die Temperatur stark ab und das Kältemittel gelangt, mit niedrigem Druck, wieder in den Verdampfer. Der Kreislauf beginnt von Neuem. Dies wiederholt sich so oft, bis das Thermostat im Kühlschrank den Kompressor ausschaltet. Wenn der Kompressor läuft, erkennen Sie dies an einem leisen Summen.

Kompressorkühlschränke kühlen auf bis zu -35 °C herunter und sind viel effektiver, aber auch teurer als Absorberkühlschränke. Wenn Sie oft in den Süden reisen (und natürlich auch den Platz in der Garage des Reisemobils haben), könnten Sie überlegen, zusätzlich zum Absorberkühlschrank eine Kompressorbox mitzunehmen. Diese gibt es in Größen von 26 bis 88 l und für einen Preis von € 650 bis € 1.400 von Dometic.

Der Absorberkühlschrank

Das gebräuchliche Kältemittel für Absorberkühlschränke ist Ammoniak (NH3), das von Wasser leicht aufgenommen (absorbiert) wird. Wie beim Kompressorkühlschrank gelangt das Kältemittel in flüssigem Zustand in den Verdampfer, in dem sich das „Hilfsgas" Wasserstoff befindet. Hier erreicht das Ammoniak den zum Verdampfen erforderlichen geringen Druck, dem Kühlraum wird nun Wärme entzogen. Der Absorber enthält Wasser, das die Eigenschaft besitzt, gasförmiges Ammoniak aufzunehmen. Es saugt den Ammoniakdampf aus dem Verdampfer. Dadurch kann dort weiteres Ammoniak zu Gas werden und es wird kalt im Kühlschrank. Das ammoniakhaltige Wasser wird nun in einen „Kocher" geleitet. Hier wird es mittels einer elektrischen Heizung (wenn der Kühlschrank über Strom läuft) oder einer Gasflamme (wenn der Kühlschrank über Gas läuft) verdampft. Der Gasbrenner ist mittig unter dem Kocher angebracht. Wenn das Reisemobil nicht gerade, sondern schräg steht, schlägt die Flamme des Kochers nur an einer Seite an, während die andere nicht erwärmt wird. Dadurch kann dann nur eine geringere Menge Ammoniak verdampfen und der Kühlschrank kann nicht die volle Leistung bringen.

Das gasförmige Ammoniak wird nun in den Kondensator geleitet und das vom Ammoniak befreite Wasser läuft in den Absorber zurück. Auch hierfür ist es wichtig, dass der Wagen gerade steht, da Wasser in den seltensten Fällen bergauf läuft. Im Kondensator gibt das erhitzte Ammoniak seine Wärme über die Kühlrippen an die Umgebung ab und gelangt anschließend wieder in den Verdampfer, wo der Kreislauf erneut beginnt.

Sollte der Kühlschrank nicht ausreichend kühlen, überprüfen Sie also am besten als Erstes, ob das Reisemobil richtig ausgerichtet ist.

☺ Bei hohen Umgebungstemperaturen (über 30 °C) sollte – egal welcher Kühlschranktyp – zusätzlich Frischluft an die Kühlrippen gebracht werden. Dazu können von innen Lüfter an die Belüftungsschlitze montiert werden, die einen Wärmestau verhindern. Außerdem sollte man so parken, dass nicht die Mittagssonne auf die Außenwand des Reisemobils scheint. Wenn Platz ist und kein Sturm angesagt wurde, kann auch eine Verschattung mithilfe der Markise helfen.

Absorberkühlschränke haben den Nachteil, dass sie etwa dreimal so viel Energie benötigen wie Kompressorkühlschränke. Dafür funktionieren sie allerdings mit unterschiedlichen Energieformen. Je nach Größe haben sie zwischen 100 und 170 W. Der Gasverbrauch liegt zwischen 18,5 und 22 g/h, kleine Kühlschränke kommen auch mit 15 g/h aus. Einen mittelgroßen Absorberkühlschrank können Sie also ca. drei Wochen lang mit einer 11-kg-Gasflasche kühlen. Aufgrund des hohen Stromverbrauchs empfiehlt es sich nicht, den Kühlschrank während der Fahrt auf 12 V zu betreiben, auch nicht, wenn die Batterie über die Lichtmaschine nachgeladen wird. So viel Energie erzeugt die Lichtmaschine nicht und die Bordbatterie ist bei der Ankunft leer und im Kühlschrank ist alles warm. Wenn Sie eine Gasarmatur mit Crashsensor eingebaut haben, können Sie den Kühlschrank auch während der Fahrt auf Gasbetrieb laufen lassen. Je nachdem, wie der Wind steht, sollten Sie jedoch gelegentlich kontrollieren, ob die Gasflamme noch brennt.

Etwas problematisch ist es auf Fähren, da Sie die Gasflaschen nicht benutzen dürfen und abdrehen müssen. Je nach Länge der Fährüberfahrt packen Sie am besten Kühlakkus oder Eis in verschweißten Plastiktüten (Tankstelle) mit in den Kühlschrank.

Absorberkühlschränke kühlen bis ca. 25 °C unter Raumtemperatur, d. h., bei einer Umgebungstemperatur von 30 °C können Sie max. 5 °C Kälte im Kühlschrank erreichen. Wenn es noch wärmer ist, wird es auch im Kühlschrank wärmer.

Um dennoch Temperaturen unter 0° zu erreichen, ist bei weniger großen Kühlschränken ein kleiner Plastikeinsatz rund um die Kühlrippen eingesetzt. Dieser kann als Eisfach benutzt werden und (aufgrund seiner Größe und des geringen Abstands zu den Kühlrippen) Temperaturen unter dem Gefrierpunkt erreichen. Er benötigt zusätzlichen Platz, kann aber herausgenommen werden, wenn man kein Eisfach benötigt.

Größere Kühlschränke haben ein separates Eisfach, welches zuverlässig Temperaturen unter 0 °C liefert. Besonders komfortabel sind Kühlschränke, die man wie eine Schublade herausziehen kann. Leider haben sie aber nur ein sehr begrenztes Volumen.

Seit einigen Jahren wird auch der TEC Tower angeboten. Hierbei wird ein kleiner Gasbackofen über dem Kühlschrank montiert. (Die Wärme verteilt sich leider sehr unregelmäßig im Ofen und der Garraum ist nicht sonderlich groß.)

Neuerdings werden auch sogenannte Slim Line Tower angeboten. Diese sind etwas schmaler als herkömmliche Kühlschränke, für 2-3 Personen allemal ausreichend. Abraten würden wir Ihnen von Kühlschränken, die im Dachstauschrank verbaut werden. Hier kann keine vernünftige Kühlung stattfinden und man kann kaum in den Kühlschrank hineinschauen.

Passivkühlboxen

Etwas preiswerter als Kompressorkühlboxen sind Passivkühlboxen. Diese sind extrem gut isoliert (nicht wie normale Kühlboxen) und brauchen weder Strom noch Gas. An vielen Tankstellen können Sie einfaches Eis kaufen. Es bleibt in der Box für mehrere Tage gefroren. Die Boxen sind wasserdicht (sodass das getaute Eis nicht auslaufen kann) und kosten zwischen € 200 und € 350 bei Größen zwischen 40 und 110 l. Weitere Infos finden Sie unter www.dometic.com.

Fernseher

Für viele Wohnmobilisten gehört ein Fernseher zur Grundausstattung. Am besten geeignet sind Modelle, die auf LED-Technik basieren. Die Größe beginnt bei 19 Zoll und geht inzwischen bis zu 40 Zoll Bildschirmdiagonale. Wer Geräte mit Bordstrom (also 12 V) betreiben möchte, sollte jedoch nur bis max. 32 Zoll kau-

Ist der Fernseher so eingebaut, kann man eigentlich nur von den umgedrehten Sitzen im Fahrerhaus schauen (d)

So kann man auch von der Sitzbank aus fernsehen (d)

fen. Bei größeren Geräten lässt die Bildqualität sehr stark nach. Alternativ sollte man größere Geräte mit einem Wechselrichter über 230 V betreiben. Dieser verbraucht aber deutlich mehr Strom.

Beim Neukauf eines Wohnmobils legt in aller Regel der Hersteller den Ort fest, an dem der Fernseher platziert wird. Beim nachträglichen Einbau sollte Folgendes beachtet werden:

- ▷ Größe und Einbauort sollten harmonisieren (keinen 70 cm breiten Fernseher vor einen 50 cm breiten Schrank).
- ▷ Strom und Antennenkabel sollten möglichst einfach zu verlegen sein.
- ▷ Wenn die Montage mit einem Wandhalter geplant ist, achten Sie auf eine ausreichend stabile Montagefläche. (Eventuell muss eine Holzplatte als Lastverteilung verklebt oder verschraubt werden.)
- ▷ Soll der Sound über das Autoradio gesteuert werden, müssen dorthin auch die Kabel möglichst einfach zu verlegen sein. Alternativ kann der Sound auch über Bluetooth-Lautsprecher erfolgen. (Dafür wird meistens ein Transmitter benötigt. Achten Sie beim Kauf darauf, dass der Fernseher auch den entsprechenden Anschluss (meistens Kopfhörer) hat.)

Wenn Sie keinen speziellen Wohnmobilfernseher kaufen möchten, können Sie auch ein Gerät aus dem Elektrofachmarkt oder Versandhandel nehmen. Der Fernseher sollte aber über 12 V laufen. Dies ist meistens der Fall, wenn das Gerät ein externes Netzteil hat (Ein- und Ausgangsspannung stehen auf dem Netzteil). Der Anschluss an den Fernseher erfolgt dann normalerweise mit einem 5,5-mm-Gerätestecker (Außendurchmesser).

DVB-T

Bei den meisten Geräte ist bereits ein DVB-T-Receiver eingebaut. Achten Sie darauf, dass das Gerät DVB-T2 geeignet ist. Ende 2016 wurde in Deutschland das DVB-T1-Signal abgeschaltet und Sie können mit diesen Geräten nichts mehr empfangen. Sollte Ihr Fernseher noch einen alten DVB-T1-Receiver enthalten oder gar keinen haben, können Sie (ab ca. € 25) einen neuen nachrüsten. Aber nicht alle Sender sind über DVB-T2 frei empfangbar. Für viele private Sender benötigen Sie meistens noch entweder einen speziellen Receiver, ein CI+-Modul mit Smartcard oder einen speziellen USB-Stick. Die Kosten liegen z. B. bei Freenet TV bei derzeit € 5,75 pro Monat.

Zusätzlich zum Receiver benötigen Sie noch eine Antenne zum Empfang von DVB-T2. In vielen Gegenden Deutschlands sollte es eine Antenne mit zusätzlichem Empfangsverstärker sein. Zimmerantennen bekommen Sie ab € 15. Fest montierte Antennen auf dem Dach Ihres Reisemobils kosten ca. € 120 zzgl. Montage. Wer nicht ganz so viel investieren möchte, kann auch eine Außenantenne aus dem Elektrofachmarkt am Reisemobil befestigen und das Kabel mittels einer „Fensterdurchführung" (ein Flachkabel mit zwei Antennensteckern) mit dem TV-Gerät verbinden. Bei der Fahrt sollte das aber demontiert werden.

DVB-T benötigen Sie immer dort, wo Sie keine freie Sicht auf den Satelliten (grobe Richtung Süden) haben. Eine Übersicht über die Empfangbarkeit von DVB-T-Signalen finden Sie unter 💻 www.dvb-t2hd.de/regionen. Das Netz wird jedoch ständig weiter ausgebaut. Im Ausland können Sie meistens keine deutschsprachigen Sender empfangen. Sie können aber mit einem DVB-T2-Empfänger auch die Signale von DVB-T1 empfangen. DVB-T1 gibt es noch in vielen Ländern der EU, jedoch meistens nur in der jeweiligen Landessprache.

Satelliten-TV

Wer auch im Urlaub auf den Fernsehempfang nicht verzichten möchte, benötigt (vor allem im Ausland) eine Satellitenanlage. Üblicherweise werden heute vollautomatische Systeme angeboten. Man sucht sich einen schönen Stellplatz mit frei-

Dach eines Wohnmobils mit Satellitenschüssel und Solaranlage (dg)

em Blick in Richtung Süden, richtet das Mobil mit den Auffahrkeilen aus und dann reicht schon ein Knopfdruck und die Anlage sucht sich den passenden Satelliten, in Europa üblicherweise Astra 19,2° Ost. Andere Satelliten strahlen kaum noch deutschsprachige Programme aus. Üblicherweise wird die Anlage so angeschlossen, dass beim Start des Motors die Schüssel automatisch eingefahren wird. Deshalb ist es sinnvoll, das Fahrzeug erst in die richtige Parkposition zu bringen und die Schüssel dann auszurichten.

Bei der Schüssel sollte man immer versuchen, eine möglichst große zu wählen. Es kommt natürlich auch darauf an, was man auf dem Dach unterbringen kann. Der Empfangsspiegel unterscheidet sich aber schon deutlich. Während einige Schüsseln gerade einmal Fernsehgenuss bis ins südliche Skandinavien ermöglichen, können Sie mit großen mit 85 cm Durchmesser auch noch am Nordkap die „Klinik unter Palmen" schauen. Aber genauso groß wie die Empfangsreichweite sind dann auch die Preise. Während Sie eine kleinere 45-cm-Flachantenne schon für € 800 bis € 900 bekommen, legen Sie für eine große 85-cm-Antenne leicht € 2.000 auf den Tisch (zzgl. Montage). Wenn Sie eine Satellitenanlage direkt ab Werk verbauen lassen, bezahlen Sie auch schnell bis zu € 3.000 für die Sat-Anlage. Oft ist es günstiger, nur die Vorbereitung zu kaufen. Sollte der Preis in der Preisliste nicht zu finden sein, fragen Sie noch einmal explizit nach. Einige Hersteller verstecken den Preis in irgendwelchen Ausstattungspaketen.

Radio, Navigation & Co.

Radio und Navigation

Wenn Sie sich ein neues Wohnmobil kaufen, haben Sie die Wahl, ob Sie sich ein Radio mit Soundanlage, Boxen und Navigation direkt ab Werk einbauen oder dies später beim Zubehörhandel erledigen lassen. Wer es kann, macht es einfach selbst. Auf alle Fälle sollten Sie sich schon die Vorbereitung mit allen Kabeln einbauen lassen. Meist ist dies für € 200-300 erledigt. Wird die ganze Anlage vom Hersteller montiert, sind dagegen schnell ein paar Tausend Euro fällig. Natürlich bekommen Sie dann zwar auch das aktuellste Topmodell, aber warum nicht auf ein Vorjahresmodell zurückgreifen? Dadurch lassen sich leicht ein paar Hundert Euro sparen.

Die beliebtesten Modelle haben das Format Doppel DIN, d. h., es werden zwei übereinanderliegende Einbauschächte genutzt. Bei Geräten mit Navigation werden keine anderen Geräte mehr angeboten. Alternativ muss das Navi separat gekauft und mit einem Saugnapf an der Windschutzscheibe montiert werden.

Beim Radio haben Sie meistens noch die Option, es mit DAB+ zu bestellen. DAB+ ist das Digitalradio, das entweder bereits integriert ist oder bei älteren Geräten mittels eines zusätzlichen Empfangsteils empfangen werden kann. Auf alle Fälle benötigen Sie zusätzlich noch eine andere Antenne (die auch einfach auf die Frontscheibe geklebt werden kann). In einigen Ländern (z. B. Norwegen) gibt es nur noch Digitalradio.

Hat Ihr Radio Bluetooth, können Sie es mit Ihrem Handy koppeln und Ihren Lieblingssender übers Internet hören. Der Datenverbrauch beträgt dabei ca. 50 MB pro Stunde. Mit einem entsprechenden Handyvertrag können Sie Ihr Datenvolumen in der ganzen EU verbrauchen, ohne Roaminggebühren zu bezahlen.

Bei den meisten neueren Geräten funktioniert auch die Technik von Apple CarPlay bzw. Android Auto. Nachdem Sie Ihr Handy mit dem Radio gekoppelt haben, können Sie einen Teil der Apps über das Display des Radios steuern. Zur Navigation können Sie dann natürlich auch Google Maps nutzen. Für Android Auto muss Ihr Smartphone mindestens über die Software Android 5.0 (Lollipop) verfügen. Für Apple CarPlay benötigen Sie mindestens ein iPhone 5.

Haben Sie sich dafür entschieden, ein Navigationsgerät einzubauen, müssen Sie noch das Modell und das Kartenmaterial auswählen. Am bekanntesten sind die Firmen Garmin und Naviextras. Die Karten von TomTom werden überwiegend nur für Geräte derselben Marke verwendet, die Sie als Zubehör an die Windschutzscheibe oder das Armaturenbrett bauen.

Von einer speziellen Software für Wohnmobile können wir aus eigener Erfahrung nur abraten. Es werden keine speziellen Informationen für Wohnmobilisten geliefert, lediglich allgemeine Infos, etwa zur Gewichtsbeschränkung auf 7,5 t.

Wichtiger ist es, die Karten regelmäßig (mindestens alle zwei Jahre) auf die neueste Version zu aktualisieren. Beim Neukauf eines Gerätes sollte ein erstes Update zum Lieferumfang gehören. Das Gerät lag ja möglicherweise schon einige Jahre beim Händler.

Ob zusätzliche Extras wie Radarwarner oder Verkehrsinfos für Sie wichtig sind, müssen Sie selbst entscheiden – und auch die Auswahl, ob Sie sich von Karin, Peter oder Donald Duck durch den Verkehr leiten lassen möchten, ist natürlich Ihnen überlassen ...

Bei vielen Geräten finden Sie ein 7-Zoll-Display (17,7 cm). Das neueste Infotainment-System von Alpine hat einen Bildschirm von 9 Zoll (23 cm). Hier steht das Display aber auch vor dem Radio aus der Konsole heraus. Das Gerät hat außerdem einen stolzen Preis von € 1.500.

Die bekanntesten Hersteller von Radios und Navigationsgeräten für Wohnmobile:

- Alpine, 💻 www.alpine.de (Karten von Naviextras)
- Clarion, 💻 www.clarion.com/de (Karten von Naviextras))
- JVC, 💻 https://de.jvc.com (keine Navigation, nur Autoradio)
- Kenwood, 💻 www.kenwood.de (Karten von Garmin)
- Pioneer, 💻 www.pioneer-car.eu (Karten von Naviextras)
- Sony, 💻 www.sony.de (Karten von Naviextras)

Dashcam

An viele Navigationsgeräte kann zusätzlich noch eine kleine Dashcam angeschlossen werden. Vorne auf dem Armaturenbrett montiert zeichnet sie Ihre Reise in Bildern oder kleinen Filmchen auf.

Sollte ein Unfall passieren (und die Dashcam ihn zufällig aufgezeichnet haben), können die Bilder auch vor Gericht als Beweismittel zugelassen werden, wenn das Bildmaterial gut genug ist. Dashcams gibt es bereits ab € 30. Um halbwegs vernünftiges Bildmaterial zu bekommen, sollten Sie aber mindestens € 70 investieren.

Fahrtenbuchoption

Bei einigen Herstellern (z. B. Pioneer) lassen sich die einzelnen Fahrten aufzeichnen und auf einem USB-Stick speichern. Mithilfe dieser Daten können Sie ein lückenloses Fahrtenbuch führen, das auch vom Finanzamt anerkannt wird.

Alternativ können Sie auch auf einen GPS-Tracker setzen oder für Ihr Smartphone eine passende App herunterladen.

Reinigung und Pflege

(d)

Gelegentliche Reinigungsaktionen gehören zum Alltag eines Wohnmobilisten. Reinigung ist wichtig, damit sich z. B. außen kein Moos an den Dichtungen absetzt und damit das Wohnmobil seinen Wert erhält. Der Wassertank und die Leitungen müssen gereinigt werden (☞ Tankhygiene) und auch die Batterie ist nicht ganz wartungsfrei (☞ Batteriepflege). Auf der Außenhaut werden sich im Laufe der Zeit grau-schwarze Streifen am Fahrzeug bilden, die entfernt werden müssen. Dies sind die sogenannten Regenstreifen, die sich durch die Umwelteinflüsse bei Regen am Fahrzeug ablagern. Einmal im Jahr (zum Ende der Saison) sollten Sie auch das Dach Ihres Wohnmobils reinigen. Die wenigsten haben die Möglichkeit, dies zu Hause zu erledigen (Sie benötigen einen Ölabscheider, der ab € 25.000 kostet). Suchen Sie sich am besten eine spezielle Lkw-Waschstraße.

☺ Ein Verzeichnis finden Sie unter www.lkw-waschanlagen.com. Ein Klick auf das entsprechende Fähnchen öffnet eine Liste mit zahlreichen Waschanlagen, sortiert nach Postleitzahlen. Suchen Sie eine in Ihrer Nähe aus und informieren Sie sich dort, ob auch Wohnmobile gewaschen werden dürfen. Wegen der zahlreichen An- und Ausbauten ist das nicht bei allen möglich.

Wenn Sie zu Hause waschen, benutzen Sie bitte keinen Hochdruckreiniger. Der hohe Druck kann ältere Kunststofffenster zerstören und Wasser durch die Dichtungen in das Innere drücken. Verwenden Sie nur spezielle Wohnmobil- oder Wohnwagenreiniger (in der Waschstraße vorher fragen, ob Sie diese benutzen dürfen). Autoshampoo, Spülmittel oder Glasreiniger führen dazu, dass der Weichmacher aus den Kunststofffenstern entfernt wird. Dadurch werden diese spröde und beginnen zu reißen.

Beispielprodukte:

- ▷ MultiMan – RegenstreifenEx, Konzentrat zum Reinigen des kompletten Fahrzeugs: Die 1-l-Flasche wird im 5-l-Sprühgerät im Verhältnis 1:50 mit Wasser gemischt und reicht dann auch für größere Wohnmobile. Preis pro Flasche (1 l): ca. € 23 = € 2,30 pro Waschgang
  (Info und Shop: www.multiman.de)
- ▷ Fritz Berger Fahrzeugreiniger: Dieser Reiniger ist nicht ganz so hochkonzentriert wie der RegenstreifenEx von MultiMan und daher nur auf den ersten Blick günstiger. Er wird im Mischungsverhältnis von 1:10 bis 1:30 verwendet (Angabe im Fritz-Berger-Katalog). Preis pro Flasche (1 l): ca. € 10 = € 5 pro Waschgang bei einer Mischung von 1:10
  (Info und Shop: www.fritz-berger.de)

Reinigung

Zum Verteilen der Mischung und zum Reinigen des Fahrzeugs eignen sich Waschbürsten mit Teleskopstiel und Klickanschluss für den Wasserschlauch. Diese gibt es in zahlreichen Ausführungen von diversen Herstellern zu Preisen ab € 15. Abraten kann ich Ihnen von den Modellen, die Sie auf Messen und im Caravanhandel kaufen können. Die Wasseranschlüsse werden relativ schnell undicht und dann läuft Ihnen das Wasser in den Ärmel. Wenn Sie diese Teile benutzen möchten, dann nur ohne Schlauch. Die Bürste ist in der Regel auch nicht ideal zum Reinigen. Besser sind Teleskopbürsten mit einem Mikrofasertuch, das Sie abnehmen und in die Waschmaschine stecken können (z. B. von Wellenshop für € 24). Aber auch hier ist der Wasseranschluss nach kurzer Zeit undicht. Die einzige Bürste mit Wasseranschluss, die uns bisher überzeugen konnte, ist im Autowaschset von Gardena (ca. € 35) enthalten. (Die mitgelieferten Tabs sollten Sie aber nur fürs Autowaschen verwenden.)

Zusätzlich brauchen Sie noch ein Sprühgerät (idealerweise mit 5-l-Behälter) mit Pumpe. Auch hier sollten Sie nicht am Material sparen und lieber ein hochwertiges, z. B. von Gloria, als ein Billigprodukt aus dem Baumarkt nehmen. Sollte einmal etwas kaputtgehen, bekommt man bei Gloria auch ein Ersatzteil.

Nun brauchen Sie nur noch ein schattiges Plätzchen und einen Wasseranschluss. Verwenden Sie möglichst kein Brunnenwasser. Das kann noch Schmutzpartikel enthalten, die wie eine Schleifpaste wirken. Außerdem sieht man später noch Wasserflecken, da das Wasser nicht ganz so sauber ist wie das aus dem Wasserhahn. Arbeiten Sie das Fahrzeug in Feldern von ca. 2 m Breite ab. Zuerst zwei Felder mit dem Drucksprühgerät und der Reinigungslösung einsprühen, dann das erste Feld mit der Bürste reinigen und mit reichlich Wasser nachspülen. Nun das 3. Feld einsprühen, das 2. Feld eincremen und nachspülen usw., bis man fertig ist. Wer es besonders gründlich machen möchte, kann die Wassertropfen noch mit einem Fensterleder oder Fenstersauger entfernen.

Politur

Spätestens alle zwei Jahre sollte das Fahrzeug einmal poliert werden. Dazu benötigen Sie ein gutes Wachs und eine Poliermaschine oder ein Poliertuch. Sollte Ihnen jemand ein Wundermittel verkaufen wollen, das nur durch Zugabe im Waschwasser das Fahrzeug poliert – vergessen Sie es. Das wurde noch nicht erfunden und alles andere sind nur einfache Konservierungsmittel, die beim nächsten Regen wieder weg sind. Die Vorgehensweise beim Polieren ist recht einfach: Fahrzeug waschen – Politur auftragen und antrocknen lassen – mit der Poliermaschine (mit Lammfellscheibe) polieren. Wichtig ist, dass Sie das nicht in praller Sonne machen.

Beispielprodukte:

- ▷ MultiMan Perma-2-Wachs (für normalen Lack), 1-l-Dose (für 35 m²) zum Preis von ca. € 26 oder MultiMan Nano-3-Schutz (für angegriffenen Lack), 1-l-Dose (für 35 m²) zum Preis von ca. € 35 (Info und Shop: 💻 www.multiman.de)
- ▷ Yachticon Reisemobil und Caravan Politur (für normalen Lack), 0,5-l-Dose zum Preis von € 17 (keine Herstellerangabe zur Fläche) (Info und Shop: 💻 www.yachticon.de)
- ▷ Dr. Wack – Polish & Wachs (für angegriffenen Lack), 0,5-l-Flasche zum Preis von € 16 (keine Herstellerangabe zur Fläche), erhältlich im Baumarkt oder Pkw-Zubehörhandel

Ver- und Entsorgung

(dg)

Irgendwann kommt der Zeitpunkt, da Sie Ihr Abwasser entsorgen müssen. Wann es so weit ist, verrät Ihnen die Kontrollanzeige des Bordpanels. In der Regel wird das ca. alle zwei bis drei Tage notwendig sein – es hängt aber natürlich davon ab, wie groß Ihre Tanks sind, wie oft Sie duschen oder abspülen ...Ver- und Entsorgungsstationen finden Sie in der Regel an Wohnmobilstellplätzen und auf Campingplätzen.

☺ In der App der Zeitschrift promobil (☞ Anhang, Camping- und Stellplatzführer) sind über 11.000 Stellplätze und Entsorgungsstationen in ganz Europa aufgeführt.

Beim Wohnmobil unterscheidet man zwischen Grauwasser (fäkalienfrei) und fäkalienhaltigem Schmutzwasser.

Entsorgung des Grauwassers

Das Grauwasser befindet sich im Tank unterhalb des Wohnmobils (oder bei winterfesten Fahrzeugen im Doppelboden) und es enthält das Abwasser von Spüle, Waschbecken und Dusche. Dieses Wasser entleeren Sie üblicherweise in einem Bodenablauf. Damit ist eine extra angelegte Fläche auf einem Stell- oder Campingplatz gemeint, in deren Mitte sich ein Ablaufrost befindet, der eventuell an der Seite noch mit einem Hebel geöffnet werden muss.

Auf gar keinen Fall ist damit ein normaler Gullirost auf der Straße gemeint, der nur zur Aufnahme des Regenwassers dient!

Fahren Sie so auf die Ablauffläche, dass das Auslaufrohr des Abwassertanks ca. 50 cm vor dem Gullirost endet. Dann „schießt" das Wasser, das mit einem Schwall aus dem Rohr kommt, nicht über den Rost. Sie können auch eine Geka-Schnellkupplung auf Ihr Ablaufrohr schrauben und einen Ablaufschlauch (Größe DN32) befestigen (Baumarkt). Der Schlauch hat den Vorteil, dass Sie auch Grauwasser in eine Entsorgungsstation für fäkalienhaltiges Abwasser laufen lassen können, wenn kein Bodeneinlauf vorhanden ist. An diesen Einfüllstutzen kommen Sie ohne Schlauch nicht ran. Es funktioniert auch nur, wenn die Entsorgungsstation den Einfüllstutzen unten hat.

Kassettenentleerung

Die Fäkalien werden normalerweise in einer Toilettenkassette gesammelt. Um diese zu entleeren, gibt es verschiedene Arten von Entsorgungsstationen, die alle ähnlich funktionieren. Viele haben unten eine Klappe, die Sie öffnen, um hier dann Ihre Kassette zu entleeren. Meistens ist unten noch ein kleines Röhrchen angebracht. Mit einem Druck auf einen Knopf (meistens mit „Kassettenspülung" oder ähnlich beschriftet) kommen hier ca. 2 l Wasser heraus, mit denen man die Kassette ausspülen kann. Das Spülwasser wird dann wieder durch die Klappe entsorgt. Es gibt auch Modelle, die seitlich einen Stutzen haben, in den man die Kassette entleert. Andere Entsorgungsstationen besitzen ein „Rolltor" vorne oder hinten. Nachdem Sie eine Münze eingeworfen haben, öffnet sich dieses Tor und Sie haben ausreichend Zeit, um Ihre Kassette zu leeren und zu spülen.

Sanistation der Firma LAS-GmbH von vorne mit allen Erklärungen zur Bedienung ...

und von hinten. Hinter der Jalousie befinden sich Wasserhähne und Ausguss für Kassettentoilette und Abwassertank. (© LAS-GmbH)

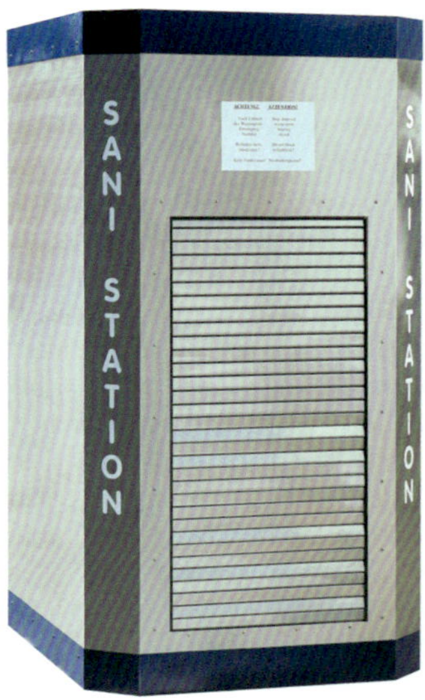

Eine Bitte: Die Betreiber der Entsorgungsstationen haben viel Geld (meistens mehrere Tausend Euro) investiert, um uns Wohnmobilisten diesen Service anbieten zu können. Deshalb ist es auch verständlich, wenn hier mal € 0,50 Cent oder € 1 für die Entsorgung verlangt werden. Verkeilen Sie also nicht die Rolltore mit einem Ast oder Ähnlichem, damit der Nächste gratis entsorgen kann. Die Anlagen können dadurch zerstört werden und es ist fraglich, ob der Eigentümer dann eine neue Anlage aufstellt. Wir Wohnmobilisten schneiden uns also ins eigene Fleisch, wenn wir so etwas machen, nur um ein paar Cent bei der Entsorgung zu sparen.

Frischwasser

An Entsorgungsstationen kann normalerweise auch Frischwasser gebunkert werden. Meistens befindet sich im oberen Bereich ein Winkel mit einem ¾-Zoll-Außengewinde. Hier können Sie Ihren Steckanschluss aufschrauben und Ihren Wasserschlauch anschließen. Meistens bekommen Sie für € 1 etwa 100 l Wasser oder es funktioniert über eine Zeitsteuerung. Vergessen Sie nicht, die ersten Liter zum Spülen des Wasserschlauchs zu benutzen. Und bitte spülen Sie Ihre Fäkalienkassette nicht hier!

Strom

Die „Zapfstellen" für Strom befinden sich meistens in der Nähe des Stellplatzes. Oft ist darauf eine Lampe montiert, damit man die Säule auch im Dunkeln noch findet. Die Steckdosen sind nummeriert. Suchen Sie sich eine freie Steckdose aus und schauen Sie nach der Nummer. Dann gibt es meistens vorne, in der Nähe des Münzeinwurfs, einen Drehschalter. Drehen Sie die Spitze des Schalters auf das Feld mit der Nummer Ihrer Steckdose. Erst jetzt werfen Sie das Geld ein. Steht der Drehschalter auf einem anderen Feld freut sich der Nachbar über ein paar zusätzliche kWh. Achten Sie auch beim Nachwerfen auf die richtige Schalterstellung.

Hilfe bei Störungen

(© Torsten Schwinn)

Bordwerkzeug und Ersatzteile

Um unterwegs kleinere Reparaturen ausführen zu können, empfehlen wir folgendes Bordwerkzeug:

- ▷ Schraubendrehersatz in verschiedenen Größen (Schlitz, Kreuz PH und PZ in Größe 1 und 2)
- ▷ Wasserpumpenzange
- ▷ Gasreglerschlüssel (für den problemlosen Gasflaschenwechsel)
- ▷ Gaslecksuchspray (zum Absprühen des Gasanschlusses nach dem Flaschenwechsel)
- ▷ Kombizange, Spitzzange, Abisolierzange (für kleinere Reparaturen an der Elektrik)
- ▷ Hammer (zum Einschlagen von Heringen für die Markise)
- ▷ einfacher Multimeter zum Überprüfen von Kabel und Spannung
- ▷ Ersatzleuchtenset (passende Halogenleuchten für Abblendlicht, Ersatzleuchten für Standlicht, Blinker und Bremslicht)
- ▷ Sicherungsset (Es gibt verschiedene Arten von Sicherungen, die sich in der Bauart unterscheiden. Oft verwendet der Aufbauhersteller auch andere Sicherungsarten als der Hersteller des Grundfahrzeugs. Schauen Sie nach und nehmen Sie von jeder Sicherungsart ein Ersatzset mit verschiedenen Sicherungsstärken mit. Wo sich der Sicherungskasten für das Grundfahrzeug bzw. den Aufbau befindet, verrät Ihnen die jeweilige Bedienungsanleitung.)
- ▷ Steinschlagpflaster
- ▷ transparentes Paketklebeband und Panzerband (graues Gewebeklebeband) für kleinere Reparaturen
- ▷ Pipette oder Spritze (zum Einfüllen des Wasserentkeimungsmittels)
- ▷ Spritzflasche mit Winkelspitze (zum Nachfüllen von Glykol bei der ☞ Alde-Heizung)
- ▷ Kabel zum Verbinden des Reisemobils mit dem Stromkasten am Stellplatz (Es sollten 25 m Kabel im Querschnitt 3x2,5 mm² sein. Wer möchte, kann am Anschluss zum Wohnmobil eine Vorzeltsteckdose anbauen. Eine Seite wird in die Ladesteckdose des Wohnmobil gesteckt und auf der anderen Seite ist noch eine 230-V-Steckdose für Grill, Lampe oder Sonstiges.)
- ▷ Adapterkabel auf CEE-Stecker (Hat Ihr 25-m-Kabel einen CEE-Stecker, benötigen Sie eine CEE-Kupplung auf 230-V-Schukostecker und sonst andersherum.)

- ▷ Kabelsafe-Schutzkapsel für den wasserdichten Anschluss des Adapterkabels (große Ausführung für CEE- oder kleine für Schukostecker)
- ▷ Schlauchtrommel (10 m) zum Befüllen des Wassertanks mit diversen Steckanschlüssen (ganz nach Belieben des Fahrzeughalters)
- ▷ Auffahrkeile (zum Ausrichten des Fahrzeugs)

Störungsbehebung

Basisfahrzeug

Reifen platt

Wenn Sie sich auf die Suche nach einem Ersatzrad machen, werden Sie bei den meisten Modellen nicht fündig werden. Bei neueren Wohnmobilen wird auf ein Reserverad verzichtet. Dafür bekommen Sie meistens ein Pannenset vom Hersteller. Dies besteht aus einem Reifendichtmittel und einem Kompressor. Sollte es einmal angewendet werden müssen, reicht es jedoch nur für eine provisorische Reparatur. Sie sollten damit auf alle Fälle nur bis zum nächsten Reifenhändler fahren. Wer ein Wohnmobil auf Fiat-Basis hat kann sich an den Fiat-Camper-Kundendienst wenden. Sie erreichen ihn unter der kostenfreien Rufnummer ☏ 008 00 34 28 11 11 aus den wichtigsten europäischen Ländern oder alternativ unter ☏ +39 02 44 41 21 60. Eine genaue Anleitung, wie das Pannenset funktioniert, liegt bei. Das Reifendichtmittel ist allerdings nicht unbegrenzt haltbar. Wir empfehlen, es alle 5 Jahre auszuwechseln bzw. sich regelmäßig aus dem Baumarkt eine Dose „Reifenpilot" (oder ein ähnliches Produkt, ca. € 10-15) mitzubringen.

Fahrzeugleuchte (Blinker, Abblendlicht o. Ä.) funktioniert nicht

Prüfen Sie als Erstes die Sicherungen mit dem Multimeter (Widerstandsmessung). Die Lage des Sicherungskastens entnehmen Sie der Anleitung für das Grundfahrzeug (also Fiat, Mercedes o. Ä.). Sind die Sicherungen alle in Ordnung, liegt es wahrscheinlich am Leuchtmittel. Sind es LEDs, muss wahrscheinlich die komplette Lampe ersetzt werden. Ist nur das Leuchtmittel defekt, wird die Sache etwas günstiger (☞ Bordwerkzeug, Ersatzleuchtenset). Besonders am Grundfahrzeug ist der Scheinwerfer beim Stand- und Abblendlicht aber dermaßen verbaut, dass man kaum an das Leuchtmittel kommt und quasi „Winkelfinger" oder Spezialwerkzeug benötigt, um diese auszuwechseln. Achten Sie beim Austausch der Halogenleuchte für das Abblendlicht auf den richtigen Sitz (sie hat am Blechrand eine Kerbe, die in die entsprechende Aussparung am Scheinwerfer gehört). Bei

Auf einem Wohnmobilstellplatz in Norwegen (© Heide Schwinn)

falschem Sitz strahlt der Scheinwerfer nicht auf die Straße, sondern nach oben oder zur Seite weg und blendet den Gegenverkehr. Im Zweifelsfall fahren Sie lieber zu einer Werkstatt oder Tankstelle und lassen sich Ihre Ersatzbirne einbauen.

Steinschlag

Ein Steinschlag ist besonders ärgerlich, aber nicht immer zu vermeiden. Gerade auf Schotterstraßen (besonders in Skandinavien) fahren die Einheimischen oft nicht besonders vorsichtig. Dann gibt es einen lauten Knall und schon ist es passiert. Fahren Sie bei nächster Gelegenheit auf einen Park- oder Rastplatz, reinigen Sie die Scheibe und kleben Sie das Steinschlagpflaster auf. Zur Not können Sie auch ein transparentes (möglichst kräftiges/stabiles) Klebeband benutzen. Damit die Scheibe später repariert werden kann, ist es wichtig, dass kein Dreck in das „Loch" kommt. Kleben Sie es deshalb großzügig ab. Das Klebeband verhindert (meistens) auch, dass der Riss größer wird oder das Wischergummi vom Scheibenwischer zerstört wird. Eventuell muss im Urlaub noch einmal nachgeklebt werden.

Aufbaufahrzeug

Kein Gas

Ob Gas fließt, können Sie durch eine einfache Prüfung am Gasherd feststellen (hören, ob es rauscht, wenn der Knopf am Herd gedrückt und geöffnet ist).

▷ Ist die Gasflasche eventuell geschlossen? Dann öffnen Sie sie.

- ▷ Ist die Gasflasche leer? Tauschen Sie die Gasflasche auf die Reservegasflasche oder besorgen Sie eine neue Gasflasche.
- ▷ Ist die Schlauchplatzsicherung nach dem letzten Tausch bzw. bei der Inbetriebnahme des Mietfahrzeugs noch nicht entsichert worden? Öffnen Sie die Gasflasche und drücken Sie den grünen Knopf hinter dem Gasventil am Gasdruckschlauch für ein paar Sekunden.
- ▷ Sind die Absperrventile im Aufbaufahrzeug alle geöffnet? Bei den meisten Fahrzeugen sind es drei Schnellschlussventile mit rotem Knebel am Küchenblock (oft bei der Besteckschublade, sonst müssen Sie in die Bedienungsanleitung schauen) mit Piktogramm für Herd, Heizung und Kühlschrank.

Kein Strom

- ▷ Anschluss am Stromkasten: Haben Sie beim Münzeinwurf den Drehschalter auf die Nummer Ihrer Steckdose eingestellt? Sonst freut sich der Nachbar über ein paar kostenlose Kilowattstunden.
- ▷ Strom liegt an Ihrer Steckdose an? Prüfen Sie am Kabel, ob auch am anderen Ende Strom ankommt. (Rollen Sie die Kabeltrommel ganz ab und drücken Sie eventuell den Sicherungsknopf auf der Kabeltrommel einmal ein. Falls das Kabel noch aufgerollt war, warten Sie, bis es abgekühlt ist.)
- ▷ Schauen Sie am Display des Aufbaus, ob Spannung anliegt.
- ▷ Prüfen Sie die Sicherungen am Sicherungskasten des Aufbaufahrzeugs mit dem Multimeter (Bedienungsanleitung).

Kein Wasser

- ▷ Ist der Tank leer? Das Frostschutzventil geöffnet? War es nachts kalt, kann das Frostschutzventil angeschlagen und den kompletten Tank entleert haben. Das Ventil befindet sich meistens in direkter Nähe des Warmwasserboilers. Es hat oben einen kleinen Knebel und an der Seite einen blauen Knopf. Ist der Knopf herausgesprungen, hat das Ventil angeschlagen – drücken Sie den Knopf dann wieder herein. Bleibt der Knopf nicht drin, ist es noch zu kalt. Machen Sie dann eventuell die Heizung an und warten Sie, bis es warm genug ist. Um zu verhindern, dass das Frostschutzventil anschlägt, können Sie den Warmwasserboiler einschalten und auf niedrigster Temperatur (über Nacht) laufen lassen.
- ▷ Wenn der Tank voll ist und trotzdem kein Wasser kommt:

- ▷ Läuft die Pumpe? Bei der Tauchpumpe summt es im Tank, bei der Druckpumpe hören Sie das Rattern
- ▷ Aus dem Wasserhahn kommt ein „Röcheln"? Dann müssen die Schläuche und der Boiler entlüftet werden. Öffnen Sie die Wasserventile und warten Sie, bis Wasser kommt (kann bei Warmwasser etwas dauern, da der Boiler erst gefüllt werden muss).
- ▷ Es „röchelt" nicht und die Tauchpumpe läuft? Dann ist die Pumpe defekt (wahrscheinlich die Welle zum Flügelrad gebrochen). Tauschen Sie sie aus und kontrollieren Sie, ob keine Verunreinigungen oder Kleinteile im Tank liegen.
- ▷ Die Pumpe läuft nicht?
- ▷ Liegt Strom an? Anzeige unter 12 V? Dann laden Sie die Batterie.
- ▷ Der Schalter für die Pumpe ist aus? Schalten Sie ihn ein.
- ▷ Der Mikroschalter an der Wasserarmatur schaltet nicht? Testen Sie die Schalter an den anderen Armaturen. Bei defektem Mikroschalter muss die ganze Armatur ausgewechselt werden.
- ▷ Dusche oder Außenzapfstelle? Oft befindet sich auf dem Duschkopf ein Hebel, der gedrückt werden muss oder arretiert wird.

Kein Warmwasser

- ▷ Der Boiler ist aus? Schalten Sie ihn ein (Gas vorhanden?).
- ▷ Das Wasser ist nicht warm genug? Der Boiler steht nur auf Stufe 1 (oder 40 °C), drehen Sie ihn höher.
- ▷ Schwankende Wassertemperaturen: Kalt- und Warmwasser wechseln ständig oder es wird nicht richtig warm oder kalt? Dann ist wahrscheinlich eine Armatur (Außenwasserhahn oder Dusche) mit Duschkopf geöffnet, der Duschkopf jedoch geschlossen, sodass kein Wasser ausströmt. In der Armatur bildet sich eine Art „Kurzschluss" zwischen Warm- und Kaltwasser. Dadurch kann Kaltwasser in die Warmwasserleitung fließen oder auch umgekehrt. Schließen Sie die Armatur.

Keine Heizung

- ▷ Prüfen Sie, ob die Gasflaschen voll und geöffnet und alle Absperrventile offen sind (☞ Kein Gas).

☺ Die Firma Truma hat einen Notdienst für alle Geräte von Truma und auch für Alde-Heizungen. Bevor Sie anrufen, sollten Sie alle Infos zu Ihrer Heizung griffbereit haben. Am besten machen Sie ein Foto Ihres Typenschildes, falls möglich. Idealerweise haben Sie auch die Postleitzahl Ihres aktuellen Standortes zur Hand. Unter der Rufnummer ☏ +49/(0)89 46 17 20 20 erreichen Sie den Service von Truma. Hier kann Ihnen geholfen und eventuell sogar direkt ein Servicetechniker geordert werden. Im Ausland kann der Servicepartner im Urlaubsort unterstützt werden.

Keine oder nur schlechte Kühlleistung beim Kühlschrank

▷ Ist Gas vorhanden?

▷ Das Fahrzeug steht schräg – richten Sie es mithilfe der Auffahrkeile aus.

▷ Sitzt die Winterabdeckung noch vor den Lüftungsgittern? Für die Wintermonate liefert der Kühlschrankhersteller spezielle Plastikdeckel, die außen am Fahrzeug vor den Lüftungsgittern angebracht werden (☞ Es geht los, Wintercamping). Diese verhindern einen vernünftigen Luftaustausch hinter dem Kühlschrank. Nehmen Sie die Platten ab. Sie sind nur mit zwei Plastikschrauben fixiert (Schlitzschraubendreher).

▷ Die Fahrzeugseite (hinter der der Kühlschrank montiert ist) steht bei starkem Sonnenschein in der Mittagssonne – dadurch kann keine vernünftige Abkühlung des Kühlmittels erfolgen. Stellen Sie das Fahrzeug – wenn möglich – so, dass die Sonne nicht auf diese Seite brutzelt, oder verschatten Sie die Seite mithilfe von Markise oder Sonnenschirm. Im Zubehörhandel gibt es auch kleine Ventilatoren, die man zusätzlich für einen besseren Luftaustausch hinter den Kühlschrank einbauen kann.

Toilette stinkt

▷ Ist die Toilettenkassette fast voll oder längere Zeit nicht entleert worden? Dann entleeren Sie sie.

▷ Ist das Chemiekonzentrat oder der Tab aufgebraucht? Entleeren Sie die und werfen Sie einen neuen Tab ein.

▷ Bei einer SOG-Anlage stinkt es draußen? Dann muss der Kohlefilter gewechselt werden.

Fahrgeräusche während der Fahrt

Ihr Fahrzeug hat eine Zwangsbelüftung, die verhindern soll, dass der Gehalt an Kohlendioxid im Innenraum des Wohnmobils zu hoch wird. Kohlendioxid entsteht durch die Verbrennung von Sauerstoff, z. B. beim Kochen und beim Betrieb des Kühlschranks, aber auch beim Atmen. Und auch die Heizung verbraucht Sauerstoff, obwohl die Abgase nach außen geleitet werden. Also muss der Aufbauhersteller sich überlegen, wie er diesen Luftaustausch vornimmt. Er könnte z. B. einen Pilzlüfter einbauen. Der kostet ca. € 15, aber das ist ihm zu teuer. Er macht also Folgendes: Er nimmt alle Dichtungen aus den Dachluken heraus und sorgt so für die entsprechende Lüftung. Dass dadurch bei höheren Geschwindigkeiten natürlich starke Fahrgeräusche auftreten, stört ihn nicht, das hört man ja auch nicht, wenn das Fahrzeug auf der Messe steht. Das ist übrigens nicht nur bei Modellen im unteren Preissegment so, sondern auch bei hochpreisigen Mobilen. Auf Nachfrage legt Ihnen der Hersteller aber gerne die Dichtungen in eine Schublade des Wohnmobils – mit dem Hinweis „Bloß nicht einbauen". Wenn Sie diese Dichtungen trotzdem einbauen, sollten Sie dafür sorgen, dass das Fahrzeug immer ausreichend belüftet wird. Der angenehme Nebeneffekt ist, dass man sich während der Fahrt mit seinem Beifahrer unterhalten kann. Wer auf Nummer sicher gehen möchte, kauft sich für ca. € 50 einen Solarventilator. Dieser hat oben eine kleine Fotozelle auf dem Dach. Scheint die Sonne (also tagsüber), läuft der Ventilator und fördert frische Luft ins Auto, nachts ist er ruhig.

Es geht los!

(d)

Andere Länder, andere Sitten, andere Campingplätze

Dieses Buch soll keinen Reiseführer ersetzen, wir möchten Sie aber vor Enttäuschungen durch falsche Vorstellungen bewahren. Zwei Beispiele:

▷ Zu Hause haben Sie an langen Kaminabenden geplant, wie Sie durch Norwegen ans Nordkap hochfahren, jeden Abend auf einem anderen Campingplatz am Kiosk sitzen, ein Bier oder Wein zum Tagesausklang trinken, Pommes für die Kinder kaufen … Tolle Pläne, aber in Norwegen gibt es nur sehr wenige Campingplätze mit so etwas wie einem Kiosk oder Laden. Und die wenigen, die es gibt, liegen so gut wie alle an der Südküste, wo die Norweger selbst ihren Urlaub verbringen, nicht aber auf der Route zum Nordkap. Dort bestehen Campingplätze in der Regel aus einem großen, landschaftlich reizvollen Gelände am Fjord, See oder Fluss. Immer sind ordentliche Sanitäranlagen, Strom und Wasser vorhanden und die Plätze sind im Vergleich zu dem sonstigen Preisniveau in Norwegen günstig. Sie werden aber meistens nicht mal einen Ort in der Nähe haben und abends essen zu gehen ist in Skandinavien ohnehin nur in großen Städten üblich. Sie müssen also in jedem Fall selbst kochen/grillen. Alkoholische Getränke sind überall so teuer, dass sie ein sehr, sehr tiefes Loch in die Urlaubskasse reißen. Wenn Sie auf Ihr abendliches Glas Bier oder Wein im Urlaub nicht verzichten möchten, schlagen wir für Norwegen deshalb sogar vor, über Schweden einzureisen. Schweden ist in der EU und Sie dürfen für einen Urlaub so viel mitnehmen, wie Sie glaubhaft selbst trinken. Wenn Sie später von Schweden nach Norwegen hinüberfahren, interessiert sich kaum jemand für die Ladung eines deutschen Wohnmobils.

▷ Sie möchten einen geruhsamen Urlaub an der polnischen Ostseeküste oder den Masurischen Seen verbringen, während in Polen gerade Sommerferien sind? Vergessen Sie es! Viele Polen verbringen ihren Urlaub im eigenen Land und auf polnischen Plätzen ist während der Feriensaison Highlife und Konfetti angesagt (dafür wäre das Bier günstig und meistens vorhanden). Wenn Ihnen also ebenfalls nach Party ist, sind Sie hier goldrichtig!

Informieren Sie sich am besten rechtzeitig vor Ihrem Urlaub über die Gepflogenheiten in Ihrem geplanten Urlaubsland. Schauen Sie sich Reiseführer an (z. B. in der Bücherei), suchen Sie nach Internetforen etc. (☞ Anhang).

Vorbereitung

Einige Tage, bevor es an das Beladen des Fahrzeugs geht, sollte der technische Zustand des Wohnmobils überprüft werden. prüfen (wenn Sie nicht ohnehin täglich mit ihm unterwegs sind)

Ist/sind

- ☐ TÜV vorhanden?
- ☐ das Inspektionsintervall eingehalten?
- ☐ die Bremsen (Beläge und Scheiben) okay?
- ☐ das Reifenprofil ausreichend?
- ☐ der Luftdruck okay?
- ☐ die Gasanlage geprüft?
- ☐ das Ersatzrad okay oder ein Pannenset an Bord?
- ☐ die Beleuchtung okay?
- ☐ Öl, Bremsflüssigkeit, Kühlwasser okay?
- ☐ Scheibenreiniger okay?
- ☐ ein Warndreieck vorhanden?
- ☐ der Verbandskasten komplett und nicht überaltert?
- ☐ Warnwesten dabei?

Beladen

Stellen Sie Ihr Wohnmobil zum Beladen am besten vor die Haustür. Nur wenn Sie Stadtbewohner mit schwierigen Parkplatzverhältnissen sind, müssen Sie Ihre Sachen mit dem Pkw zum Stellplatz bringen. Natürlich haben Sie in der Wohnung/Ihrem Haus die Packliste bereits abgearbeitet und alles bereitstehen, die Gasflasche(n) ist/sind idealerweise bereits im Gaskasten und voll.

Verschätzen Sie sich beim Beladen nicht mit der Zeit, die Sie benötigen: Obwohl bei uns z. B. immer alle Küchenutensilien, Handtücher, Schampoos, Duschgel, Bettwäsche etc. an Bord sind, brauchen wir fast einen kompletten Vormittag, bis alles andere eingepackt und der Wassertank gefüllt ist. Rechnen Sie also für das erste Beladen lieber mit einem ganzen Tag, packen Sie in Ruhe alles ein und fahren Sie dann am nächsten Morgen entspannt los.

Schalten Sie am besten den Kühlschrank an, damit er schon mal vorkühlen kann. Gut ist hierfür ein 230-Volt-Stromanschluss.

Nun wird Ihr Gepäck wie bereits beschrieben an seinem Platz verstaut. Wir haben vor der ersten Benutzung eines Wohnmobils immer einen Plan gemacht, wem welcher Schrank „gehört" und was wohin gepackt wird: Dinge, die Sie häufiger brauchen, kommen in leicht erreichbare Klappen/Staufächer, Dinge, die Sie eher selten herausholen müssen, wie z. B. Reservehandtücher oder Reservebettwäsche, kommen in die schlechter erreichbaren Schränke. Dabei achten Sie natürlich auch auf das richtige Verteilen des Gewichts! Schwere Gegenstände müssen unten möglichst zwischen den Achsen gelagert werden. Lose oder flüssige Lebensmittel und andere Flüssigkeiten sollten sich in fest verschließbaren Behältern, die möglichst auch unzerbrechlich sind, befinden. Diese sollten Sie außerdem so verstauen, dass sie vor einem Umkippen möglichst gut geschützt sind.

Lebensmittel, die in den Kühlschrank gehören, packen Sie als Letztes ein. Wenn Sie die Gasanlage unterwegs nicht betreiben dürfen, ist es besser, die zu kühlenden Lebensmittel, die Sie schon von zu Hause mitnehmen möchten, gut vorzukühlen. Die Bordbatterie schafft es während der Fahrt im besten Fall, die Temperatur zu halten

☺ Auf der Website des Auswärtigen Amtes erfahren Sie die Besonderheiten und aktuellen Änderungen zu Einreise- und Zollbestimmungen Ihres Urlaubsziels.

💻 www.auswaertiges-amt.de

Alles drin und der Wassertank ist auch bereits mit der für die Fahrt vorgesehenen Menge gefüllt? Dann geht vor der Abfahrt jemand, der diesen Job am besten auch zukünftig erledigen sollte, durch das Mobil und kontrolliert, ob:

- ▷ alle Schränke und Schubladen verriegelt sind – auch im Bad. Auch selbsteinziehende Schubladen öffnen sich in Kurven und springen im schlimmsten Fall aus den Schienen.
- ▷ der Kühlschrank sorgfältig eingeräumt (Flaschen vom Umfallen gesichert), verschlossen und für die Fahrt auf Batterie oder Gas (bei entsprechender Ausstattung) umgeschaltet ist.
- ▷ alle Dachluken geschlossen und verriegelt sind. Nur bei langsamer Geschwindigkeit, z. B. in der Stadt, dürfen sie ausnahmsweise auch mal leicht geöffnet bleiben. Dies gilt aber nicht für die großen Dachhauben, die mittels Kurbel bedient werden. Die müssen bei der Fahrt immer geschlossen sein.

- ▷ alle Fenster geschlossen und verriegelt sind.
- ▷ die (Glas-)Abdeckungen von Spüle und Kochfeld geschlossen sind.
- ▷ die Sat-Schüssel, falls vorhanden, eingekurbelt ist.
- ▷ nichts offen im Wagen herumliegt.
- ▷ das Stromkabel abgezogen ist.
- ▷ die Einstiegsstufe eingezogen ist.

Warnsysteme verhindern in neueren Mobilen, dass man mit hochstehender Sat-Schüssel, angeschlossenem Kabel oder ausgeklappter Stufe losfahren kann. Das war aber nicht immer so und Warnsysteme können auch defekt sein. Bei manuell zu bedienenden Schüsseln (inzwischen selten) gibt es gar keine Warnung.

Tippen Sie diese Liste ab und ergänzen Sie sie gegebenenfalls (z. B. um die Hundeleine, die an der Deichsel befestigt ist, und den Trinknapf Ihres Hundes), hängen Sie sie im Wagen auf und haken Sie vor jeder Abfahrt zumindest in Gedanken alles ab!

Nach dieser Kontrolle wird möglichst nichts mehr geändert. Ein eben noch mal kurz in den Kühlschrank gestellter Joghurt kann ein ziemliches Chaos hinterlassen, wenn man vergessen hat, den Kühlschrank anschließend wieder ordentlich zu schließen.

Diese Prozedur wiederholen Sie vor jeder Abfahrt, auch wenn Sie nur zwischendurch eine Pause im Mobil gemacht haben.

Dass alle Passagiere angeschnallt sein müssen, bevor losgefahren wird, versteht sich wohl von selbst.

Kleine Fahrschule

Erst einmal schön rechts fahren

Da steht es nun auf dem Hof: das neue Wohnmobil. Vom Händler frisch herausgeputzt wartet es auf die erste Ausfahrt, doch Vorsicht – ein Wohnmobil ist kein Smart und kann schon einmal eine Länge von 9 m bei 2,5 m Breite und 3,30 m Höhe haben.

Das empfindlichste Teil ist der Außenspiegel, der besonders weit heraussteht. Das muss er auch, damit man nach hinten eine einigermaßen gute Sicht hat. Dummerweise sind fast 80 % aller Wohnmobile auf einem Fiat Ducato aufgebaut und dieses Fahrzeug ist auch bei Paketdiensten, Handwerkern und Kleinbusunter-

Haben Sie auch an die Sachen Ihres vierbeinigen Lieblings gedacht? (d)

nehmen sehr beliebt. Also haben alle die gleichen Außenspiegel, die auch alle auf einer Höhe montiert sind. Über kurz oder lang wird es Sie irgendwann einmal erwischen und die Spiegel krachen zusammen. Einen Schuldigen wird es dabei meistens nicht geben, da natürlich beide ganz weit rechts gefahren sind ...

Um dies zu verhindern, sollten Sie auf schmalen Landstraßen ohne Mittelstreifen die Geschwindigkeit stark verringern (wenn Ihnen ein baugleiches Fahrzeug entgegenkommt) und extrem weit rechts fahren. Üben Sie dies auf einer wenig befahrenen Straße.

Besonders aufpassen müssen Sie auch bei Hofeinfahrten, herausstehenden Balkonen (besonders in den engen Dörfern im Süden) und anderen überstehenden Fassadenteilen. Halten Sie Abstand und fahren Sie in einem größeren Bogen um das Gebäude. Die oben liegenden Teile können Sie schlecht (oder gar nicht) sehen, wenn Sie zu nah an das Gebäude heranfahren. Eventuell muss der Beifahrer aussteigen und Sie einweisen.

☺ Ist die Straße schmal und hat sich eine kleine Pkw-Kolonne hinter Ihrem Wohnmobil gebildet? Versuchen Sie nicht, die Pkws durch extremes Rechtsfahren überholen zu lassen. Das funktioniert nicht und ist für beide zu gefährlich. Nutzen Sie lieber eine Möglichkeit, um rechts heranzufahren (Parkplatz, Hofeinfahrt, Straßeneinmündung) und alle auf einmal vorbeizulassen.

Bei Wind und Wetter

Wenn Sie ein Alkovenmobil haben, denken Sie daran, dass es Ihr Fahrzeug bei einer Windböe schon einmal ein gutes Stück versetzen kann. Fahren Sie vorausschauend und achten Sie auf Verkehrszeichen, die vor starkem Wind warnen. Schauen Sie auch auf den Windsack, der meistens hinter einem solchen Warnschild hängt und Ihnen anzeigt, wie stark der Wind ist und aus welcher Richtung er kommt. Seien Sie bereit gegenzulenken.

Wenn Sie von einem Lkw überholt werden, kann es Ihr Fahrzeug auch versetzen. Der Lkw „spendet" Ihnen beim Überholen möglicherweise Windschatten und nach dem Überholvorgang bekommen Sie wieder die volle Breitseite. Gleiches gilt natürlich auch, wenn Sie überholen.

☺ Sparen Sie Treibstoff. Auch die Fahrt zum Urlaubsort sollte schon Urlaub sein. Fahren Sie nicht zu lange Strecken und machen Sie ausreichend Pausen. Nutzen Sie den Tempomat. Die günstigste Geschwindigkeit liegt bei ca. 95 km/h. Damit kommen Sie gut durch und entspannt zum Ziel. Die Raserei mit 140 km/h bringt nicht so viel und reißt nur ein unnötig großes Loch in Ihre Reisekasse.

Bergauf und bergab

Wenn Sie einen Fiat Ducato mit Comfort-Matic-Getriebe haben, dann entdecken Sie zwei Knöpfe an Ihrem Armaturenbrett, die Sie bei einem Schaltgetriebe nicht haben. In der Konsole des Hebels für das Automatikgetriebe finden Sie einen Schalter für die Funktion „Up" mit einer grünen LED und in der Mittelkonsole einen Knopf für die Funktion „Down". Mit diesen speziellen Funktionen trägt die Comfort-Matic dem Umstand Rechnung, dass gerade Reisemobile oft bis nahe an das zulässige Gesamtgewicht beladen werden. Per Tastendruck kann das automatisierte Sechsganggetriebe in den Modus „Up" oder „Down" geschaltet werden. Die elektronische Steuerung optimiert die Schaltpunkte beim Gangwechseln dadurch dem hohen Fahrzeuggewicht entsprechend.

Der Modus „Up" macht darüber hinaus das Fahren auf Straßen mit starken Steigungen oder starkem Gefälle komfortabler. Zum einen schaltet die Comfort-Matic dann automatisch bergauf erst bei höheren Drehzahlen hoch, zum anderen wird bergab die Motorbremskraft optimal genutzt.

Die Funktion „Up" können Sie jederzeit auch während der Fahrt zuschalten. Die Funktion „Down" können Sie nur im Stand zuschalten und sie wird bei einem Tempo von mehr als 50 km/h automatisch deaktiviert. Es ertönt dann ein Piepton.

Beim Anfahren am Berg hilft Ihnen die automatische Hill-Holder-Funktion. Dabei treten Sie am Berg das Bremspedal kräftig durch. Wenn Sie danach das Bremspedal lösen, bleibt die Bremse noch ein paar Sekunden angezogen und Sie können problemlos anfahren.

Idyllischer Stellplatz in Norwegen (© Heide Schwinn)

Rückwärtsfahren

Wenn Sie weder Rückfahrkamera noch Abstandssensoren haben, müssen Sie beim Rückwärtsfahren von einer zweiten Person eingewiesen werden. Sie können überhaupt nicht sehen, ob nicht gerade ein Fußgänger hinter Ihrem Wohnmobil vorbeigeht oder ein Kind dort spielt.

Rückwärtsfahren mit Rückfahrkamera

Hat es geregnet und ist es feucht, sollten Sie zuerst die Linse an Ihrer Rückfahrkamera reinigen. Eventuell benötigen Sie einen Stab, um mit dem Küchentuch an die Kamera zu gelangen.

Ist alles sauber und der Rückwärtsgang eingelegt, erscheint ein Bild auf dem Monitor. Bedenken Sie, dass Sie eine Kamera haben, die einen 180°-Winkel abbildet. Das Bild ist besonders am Rand verzerrt. Farbige Hilfslinien sollen bei der Orientierung helfen. Mit Styroporblöcken können Sie gut üben, wie nahe Sie heranfahren dürfen. Halten Sie sicherheitshalber immer etwas zu viel Abstand.

Anfahren

Das größte Problem des Wohnmobilisten ist: „Wie komme ich von einer feuchten Wiese runter?“ Schauen Sie sich Ihren Stellplatz vorher an – ist es nicht nur feucht, sondern geht auch noch bergauf, ist der Fall fast hoffnungslos.

Eine Lösung können spezielle Anfahrhilfen sein, Plastikmatten, die Sie unter die Räder legen können, damit sie mehr Grip haben. Meistens hilft allerdings nur schieben (am besten mit mehreren). In einer großen Wohnmobilgemeinschaft schiebt es sich am einfachsten.

Auf einem Campingplatz können Sie auch den Platzwart um Rat fragen – manchmal hat dieser sogar einen Trecker, mit dem er helfen kann. Und auf dem Land können Sie natürlich ebenfalls hoffen, dass ein Bauer mit einem Trecker vorbeikommt und Sie herauszieht.

Immer schön freundlich

Wenn Sie mit Ihrem Reisemobil unterwegs sind und ein Gleichgesinnter Ihnen entgegenkommt, dann grüßen Sie ihn ruhig – vielleicht hilft er ja mal beim Schieben.

Auf mehrspurigen Straßen wird nicht gegrüßt.

Bestimmungen

Halten Sie sich im Ausland an die geltenden Verkehrsregeln, Strafen sind zum Teil drastisch – mit denen in Deutschland sind sie nicht zu vergleichen und Toleranzen sind auch nicht vorgesehen.

Wohnmobile zwischen 3,5 t und 7,5 t dürfen in Deutschland 100 km/h sonst 80-110 km/h fahren, müssen sich aber an Überholverbote für Lkw halten (Ausnahmen nur mit dem Zusatzkennzeichen „Wohnmobile frei“ oder wenn ein Gewicht angegeben ist, welches Sie unterschreiten).

Für ein überladenes Fahrzeug können bis zu € 2.180 (in Österreich) fällig werden, in Deutschland können Sie sich bis zu 3 Punkte einhandeln (bei mehr als 30 %).

In folgenden Ländern muss auf allen Straßen auch tagsüber mit Abblendlicht gefahren werden: Bosnien-Herzegowina, Bulgarien, Dänemark, Estland, Finnland, Island,

Lettland, Litauen, Mazedonien, Montenegro, Norwegen, Polen, Schweden, Schweiz, Serbien, Slowakei, Slowenien, Tschechien. Bei Nichtbeachtung können bis zu € 160 (in Norwegen) fällig werden.

In diesen Ländern müssen Sie außerorts und auf Autobahnen das Abblendlicht eischalten: Italien, Rumänien, Russland, Ungarn. Bei Nichtbeachtung können hier bis zu € 200 (in Russland) fällig werden.

Eine Warnweste werden Sie ohnehin dabeihaben, da sie in Deutschland Pflicht ist. Auch wenn es nicht überall vorgeschrieben ist, sollten Sie sie überziehen, wenn Sie das Fahrzeug z. B. wegen einer Panne verlassen

☺ Eine ausführliche Liste der wichtigsten Verkehrsvorschriften für Europa finden Sie auf der Internetseite der Zeitschrift promobil (💻 www.promobil.de/tipp/wohnmobil-verkehrsvorschriften-europa/). Am Ende der Seite können Sie sich eine Liste der wichtigsten Verkehrsvorschriften herunterladen. Drucken Sie sich diese Liste am besten aus und legen Sie sie in Ihr Fahrzeug. So sind Sie jederzeit informiert.

Übernachten

Urlaub im Wohnmobil ist Urlaub von Anfang an. Der Weg, wohin auch immer, ist schon das Ziel. Hetzen Sie nicht über die Autobahnen, sondern wählen Sie schöne Strecken aus, die durch interessante Orte führen. Machen Sie früh am Abend Schluss und suchen Sie sich einen Stellplatz für die Nacht (Stellplatzführer ☞ Anhang, Literatur). Als Wohnmobilist haben Sie verschiedene Möglichkeiten: Sie können z. B. auf Wohnmobilstellplätzen oder Campingplätzen übernachten und in manchen Ländern sogar frei in der Natur stehen.

Stellplatzwahl in Deutschland

Fast alle Städte, die von touristischem Interesse sind, haben mittlerweile Wohnmobilstellplätze. Oft kann man sogar kostenlos stehen, muss nur für Strom, Wasser und Entsorgung zahlen, soweit vorhanden. Dann können Sie den Tag mit einem Bummel durch die Stadt oder vielleicht auch dem Besuch eines Restaurants ausklingen lassen. Inzwischen bieten auch viele Gasthöfe an, dass man mit dem Wohnmobil übernachten kann. Ausstattung und Komfort sind dabei sehr unterschiedlich. Strom und Wasser gibt es manchmal, Entsorgungsmöglichkeiten seltener. Natürlich wird erwartet, dass Sie dort einkehren. Auch auf den Parkplätzen von Gasthöfen, die nicht in Stellplatzführern zu finden sind, darf man in der Regel nach einer Einkehr übernachten. Fragen kostet nichts.

Wenn Sie lieber in Ihrem Wohnmobil essen möchten und an Städten kaum interessiert sind, bieten sich zum Übernachten auch Wanderparkplätze an.

In Deutschland dürfen Sie auf jedem Parkplatz zur Wiederherstellung der Fahrtüchtigkeit übernachten, sofern es nicht z. B. durch zeitliche Beschränkungen oder die Ausweisung nur als Pkw- oder Lkw-Stellplatz verboten ist. Campingähnliches Verhalten, also draußen sitzen, grillen etc., ist allerdings auf normalen Parkplätzen nicht gestattet. Aber wenn Sie auf einem abgelegenen Wanderparkplatz abends im Bayrischen Wald stehen und alles ordentlich hinterlassen, wird das vermutlich niemanden interessieren.

Übernachten in Europa

Was für Deutschland gilt, gilt nicht unbedingt europaweit. Worauf Sie im Ausland achten müssen:

Europa allgemein

In fast allen Ländern Europas ist das „wilde" oder „freie" Übernachten offiziell verboten. Aber nur in den seltensten Fällen werden Sie tatsächlich Schwierigkeiten mit Ordnungshütern oder sogar eine Strafe bekommen, wenn Sie sich zu diesem Kavaliersdelikt hinreißen lassen.

Damit dies allerdings so bleibt und nicht erheblich strenger kontrolliert bzw. bestraft wird, sollten Sie schon im eigenen Interesse darauf achten, dass Sie Ihren Rastplatz mindestens so sauber wieder verlassen, wie Sie ihn vorgefunden haben. Das heißt in erster Linie: Müll mitnehmen und keinesfalls Abwasser ablassen!

Merksatz: Verlassen Sie niemals Ihren nächtlichen Standplatz in verdrecktem Zustand!

Anhand der Übersicht ☞ Übernachten in Europa können Sie weiter unten ersehen, dass eine einmalige Übernachtung auf einer Autobahnraststätte in den meisten Ländern toleriert wird. Es gibt aber auch Ausnahmen, die häufig eine besondere landesspezifische Erklärung haben.

Autobahnraststätten haben zwar den Vorteil, dass Sie nicht allein stehen, Sanitäranlagen benutzen und eine Mahlzeit einnehmen können und manchmal eine Entsorgungsstation vorhanden ist. Nachteilig ist aber, dass wegen der Unübersichtlichkeit des Geländes und des ständigen Kommens und Gehens von Fahrzeugen Diebe besonders unauffällig arbeiten und außerdem schnell flüchten können. Deshalb muss – vor allem in südlichen Ländern (ganz besonders in Südfrankreich, Spanien und Italien an der Mittelmeerküste) – vom Übernachten dort abgeraten werden!

Falls es nicht anders geht, müssen Sie auf Tankstellenparkplätzen und Rastplätzen darauf achten, sich nicht zwischen Lkws zu stellen (man darf mit einem Wohnmobil bis 3,5 t ohnehin nicht auf einem Lkw-Parkplatz stehen), und vor allem aufpassen, dass Sie nicht zugeparkt werden können. Das macht einigen Truckern nämlich besondere Freude! Morgens um 4:00 von den warm laufenden Motoren und Dieselabgasgestank oder ständig klappernden Kühlaggregaten geweckt zu werden, macht ebenfalls keinen Spaß.

☺ In einigen Ländern bieten Weinbauern Stellplätze für Wohnmobile an. Etliche Bauernhöfe in Italien, die sich mit dem Tourismus ein zweites Standbein geschaffen haben (*agriturismo* = Ferien auf dem Bauernhof), bieten gegen geringes Entgelt auch die nötige Infrastruktur (*agricampeggio* mit Stromanschluss, Toiletten). So etwas gibt es zunehmend auch in anderen Ländern.

Trotz vieler Unkenrufe, die schon das Ende der freien Übernachtung angekündigt haben, gibt es auch heute noch genügend Möglichkeiten, einen Stellplatz außerhalb des Campingplatzes oder Wohnmobilstellplatzes zu finden.

In Ländern, die das freie Übernachten verbieten, ist ein Übernachten auf Privatgrundstücken häufig kein Problem – Sie müssen natürlich den Besitzer um Erlaubnis fragen. Genauso verhält man sich bei Restaurants: Erst wird höflich gefragt, dann gegessen und geschlafen.

☺ Seit vielen Jahren werben Wohnmobilzeitschriften, die Caravaning-Industrie und Tourismusverbände für die Einrichtung von Wohnmobilstellplätzen bei den Städten und Gemeinden. Zunächst war der Widerstand groß, bis sich die Stadtväter davon überzeugen ließen, dass Wohnmobilisten keine Vagabunden auf Rädern, sondern eine zahlungskräftige Klientel sind. Inzwischen gibt es Tausende Stellplätze in Deutschland und Europa. Es gibt jede Menge Apps für Ihr Smartphone, die die Plätze in Ihrer Umgebung (oder rund um einen eingegebenen Ort) auflisten und auch gleich diverse Infos – Anzahl der Stellplätze, Entsorgungsstation, Wasser, Strom vorhanden? – bereithalten. Oft sind auch Bewertungen dabei, denen Sie entnehmen können, ob es ruhig oder laut ist, wie weit zum nächsten Supermarkt/Restaurant etc. Auch einigen Navis kann man diese Informationen bereits entlocken.

☺ Abgesehen von diesen bewährten Plätzen gibt es zu diesem Thema viele verschiedene Tipps:

- Die einen bevorzugen den Parkplatz eines Friedhofes (hierbei sollten Sie allerdings streng katholische Gegenden meiden), die anderen wählen gerne den Parkplatz eines Krankenhauses ohne Notfallabteilung.
- Parkplätze bei Sportplätzen, Schwimmhallen und Supermärkten (achten Sie darauf, dass Sie nicht direkt neben dem Anlieferungstor stehen, sonst werden Sie schon vom Höllenlärm ab 6:00 beim Anliefern von Brot und anderen Waren geweckt) sind auch hoch im Kurs. Während der Ferienzeiten bieten sich Schulen oder Behördenzentren an.
- In unsicheren Gegenden (Touristenhochburgen besonders in südlichen Ländern) sollten Sie höflich bei der Polizei um Erlaubnis fragen und auf dem Parkplatz einer Polizeistation parken.
- In einigen Ländern reagiert die Polizei allergisch auf campingähnliches Verhalten, daher sollten Sie sich das Herunterkurbeln von Stützen, das Herausdrehen der Markise sowie das Herausstellen von Campingmöbeln unbedingt verkneifen.

Wichtig ist bei der Platzsuche, sich die Umgebung genau anzusehen und auf Schilder und Hinweistafeln zu achten, damit Sie am nächsten Morgen nicht vom Geschrei eines Wochenmarkthändlers geweckt werden, dessen Standplatz Sie blockieren, oder eventuell Baufahrzeuge Sie an der Weiterfahrt hindern.

Sollten Sie trotz allem von der Polizei zur Weiterfahrt aufgefordert werden, so können Sie versuchen klarzumachen, dass Sie total übermüdet sind und die Ruhepause dringend benötigen, um die Fahrtüchtigkeit wiederherzustellen – außerdem haben Sie gerade nach dem Essen zwei Bier und zwei Verdauungsschnäpse getrunken und der Partner/die Partnerin hat leider keinen Führerschein oder mitgetrunken!

Wenn Sie nicht auf einem offiziellen Platz übernachten können, fahren Sie Ihren ausgewählten Übernachtungsplatz, sofern er innerhalb oder in der Nähe eines bewohnten Gebietes liegt, immer erst spät, d. h. kurz vor dem Dunkelwerden, an. So verhindern Sie, dass die gesamte Dorfjugend von Ihrer Anwesenheit erfährt und sich zu Mutproben animiert fühlt.

Stellen Sie das Wohnmobil immer in „Fluchtrichtung" mit dem Zündschlüssel griffbereit (oder im Schloss) auf, sodass Sie im Fall der Fälle schnell losfahren und sich in Sicherheit bringen können, ohne zu rangieren – die Nichtbenutzung von Keilen oder Stützen vorausgesetzt.

Für eine freie Übernachtung in der Saison sollten Sie in Süd- und Osteuropa jede Art von touristischem Zentrum und Sehenswürdigkeit strikt meiden. Auch die Ballungszentren der Städte und Strände sind mit Vorsicht zu genießen, während Sie im ohnehin oft viel reizvolleren Hinterland bequem und fast überall gefahrlos übernachten können. Beim Wildcampen ist verstärkt auf Sauberkeit zu achten, hinterlassen Sie Ihren Platz immer müll- und abwasserfrei!

Wo ein Campingplatz in der Nähe ist, treffen Sie fast immer auf Ablehnung (besonders vom Campingplatzbetreiber oder seinen Mitarbeitern) – meist sind sogar Schilder aufgestellt, die das Übernachten verbieten. Es gibt mittlerweile aber auch Campingplätze, die vor der Schranke einen Stellplatz extra für Wohnmobile eingerichtet haben. Dort sind die Stellplätze preiswerter als auf dem Platz und trotzdem dürfen Sie meist die Infrastruktur nutzen. Auch können Sie dort während der Ruhezeiten des Campingplatzes an- und abreisen.

Osteuropa

Zu den sogenannten unsicheren Reiseländern gehören für die meisten Wohnmobilisten die osteuropäischen Länder. Durch die Medien wird uns immer wieder vermittelt, dass die Kriminalität dort stetig steigt (Stichwort: Russenmafia, polnische Autoklaubanden), wodurch sich bei uns ein (manchmal zutreffendes) Vorurteil eingebrannt hat.

In der Realität sieht es in vielen Gebieten aber längst nicht so schlimm aus, wie oft berichtet wird. Es gibt natürlich gerade beim Wohlstandsunterschied und der in großen Teilen Osteuropas herrschenden Armut keinen Anlass, leichtsinnig zu werden, ganz im Gegenteil. Nur sollten Sie sich davor hüten, in jedem Polen einen potentiellen Autodieb und in jedem Russen einen potentiellen Mafioso zu sehen. Die Mehrheit der Menschen ist trotz ihrer Armut hilfsbereit und gastfreundlich!

☺ Aus Vernunftgründen sollten Sie das in fast allen osteuropäischen Ländern bestehende Übernachtungsverbot akzeptieren und niemanden durch eine Übernachtung allein auf einem Waldweg auf dumme Gedanken bringen! Fragen Sie einen Bauern, ob er Sie für ein paar Euro übernachten lässt, oder wenden Sie sich an die örtliche Polizeistation.

Die unmittelbare Grenznähe sollten Sie zum Übernachten meiden, um nicht in den Verdacht zu geraten, ein Schmuggler zu sein!

☹ Die Campingplätze in Osteuropa sind noch im Aufbau, d. h., sie erreichen nur in seltenen Fällen westliches Niveau. Dies betrifft ganz besonders die Sanitäranlagen. Für einen Osteuropatrip, zu dem wir nur raten können, sind die eigene Toilette und Nasszelle daher unerlässlich!

Mittelmeerländer

Die Sorge, bestohlen zu werden, ist in einigen Mittelmeerregionen groß, besonders z. B. rund um die französische Hafenstadt Marseille oder an den Stränden Italiens und Spaniens. Die Gefahr hier steht der in den osteuropäischen Ländern in nichts nach.

Lassen Sie Ihr Wohnmobil auf Supermarktplätzen nicht unbeaufsichtigt stehen. Eine/einer sollte besser im oder am Fahrzeug bleiben. Und lassen Sie sich durch die warme Sonne des Südens nicht zur Leichtsinnigkeit verleiten, denn Trickdiebe gibt es auch hier genug!

☺ Mit Ausnahme von Griechenland, Kroatien und Portugal ist in Südeuropa das einmalige Übernachten gestattet.

Campingplatz oberhalb von Oslo, Parzellen unbekannt! (dg)

Skandinavien

Die derzeit noch großzügigsten Länder Europas befinden sich in Skandinavien, wo uns besonders Schweden und Norwegen mit einem liberalen Jedermannsrecht beglücken. So etwas gibt es zwar in Island und Finnland nicht, trotzdem wird ein freies Übernachten hier ebenfalls toleriert, während wohl nur die Nähe zu Deutschland für die Dänen ausschlaggebend war, sich mehr oder weniger gezwungenermaßen aus diesem Verbund auszuklinken. Aber Dänemark hat inzwischen auch Wohnmobilstellplätze.

☹ Schwarze Schafe unter den Wohnmobilisten haben hier das bewirkt, was in den anderen Ländern schon seit Längerem im Gespräch ist: die Abschaffung der alten Tradition, das Ende des Jedermannsrechts. Jeder von uns ist also aufgerufen, diese Freizügigkeit zu bewahren!

☺ Vom norwegischen staatlichen Verkehrsministerium (Statens Vegvesen) wird jedes Jahr eine offizielle Karte herausgegeben, in der alle Campingplätze sowie alle Rastplätze eingetragen sind.

Die Campingplätze in Skandinavien sind, sieht man einmal von denen auf Island ab, durchweg auf gutem Niveau. Sie sind zwar häufig kleiner und einfacher, dafür in der Regel landschaftlich schön und ruhig gelegen und bei sehr einfacher Ausstattung auch preiswert. Die Plätze auf Island sind meistens sehr spartanisch, erfüllen aber bei guten hygienischen Verhältnissen ihren Zweck.

Schwedisches (norwegisches) Jedermannsrecht

Davon abgesehen, dass die Rastplätze in Norwegen offiziell nicht zum Übernachten genutzt werden dürfen, sind das schwedische und das norwegische Jedermannsrecht als fast identisch zu bezeichnen. Im Einzelnen regelt es die Befugnisse und die Bestimmungen der Menschen für den Aufenthalt in der freien Natur.

Das Allemansrätten, wie es in Schweden offiziell heißt, erlaubt uns, Wald und Flur zu betreten, nicht unter Naturschutz stehende Blumen zu pflücken, Pilze und Beeren zu suchen, in Seen, Flüssen und Meeren zu baden und sie mit Booten zu befahren. Diese recht großzügigen Rechte sind aber auch mit diversen Pflichten verbunden. Wollen wir alle dieses kostbare Gut bewahren, müssen wir mit Mensch, Tier und Pflanze rücksichtsvoll umgehen. Dies trifft besonders im Frühjahr und Sommer zu, wenn Jungtiere aufgezogen werden. Einige der wichtigsten Regeln, die Sie sich stets ins Gedächtnis rufen sollten:

- ▷ Fremden Grund und Boden (ohne Bebauung) dürfen Sie zu Fuß oder auf Skiern durchqueren, wenn dabei Ernten oder Aufforstungen und dergleichen keinen Schaden nehmen.
- ▷ Privatgrundstücke sind Tabuzonen, auch nicht umzäunte Grundstücke mit einem Wohn- oder Wochenendhaus gelten als Privatgelände. Grundsätzlich ist jedem Haus eine Ruhezone von mindestens 200 m einzuräumen.
- ▷ Wenn eingefriedetes Weideland durchwandert wird, müssen alle Tore und Gatter immer wieder so hinterlassen werden, wie sie vorgefunden wurden (also entweder offen oder sorgfältig geschlossen).
- ▷ Sperr- und Schongebiete sind gesondert ausgewiesen und beschildert, hier ist der Aufenthalt verboten.
- ▷ Schildern wie „Tillräde förbjudet" (Zutritt untersagt) oder „Privat område" (Privateigentum) sind grundsätzlich Folge zu leisten. Und Schilder wie „Ej motorfordon", „Ej biltrafik" und „Enskild väg" verbieten die Durchfahrt.
- ▷ Straßen oder Wege, auf denen Motorfahrzeuge jeder Art verboten sind, werden mit einem Schild „Förbud mot motordrivet fordon" gekennzeichnet.
- ▷ Die Regeln zum freien Übernachten beziehen sich im Wesentlichen auf ein einmaliges Übernachten.
- ▷ In unbesiedelten Gebieten oder im Gebirge ist abseits von Privatgrundstücken auch ein längerer Aufenthalt gestattet. Wer in der Nähe von bewohnten Gebieten länger verweilen möchte, muss den Besitzer um Erlaubnis fragen.
- ▷ Abgestellte Fahrzeuge dürfen keine Behinderung für große Baufahrzeuge oder Forstfahrzeuge wie beispielsweise Holztransporter sein.
- ▷ Das Mitnehmen von lebenden Bäumen und Sträuchern, Reisig, Zweigen und Ästen, Baumrinde, Laub, Eicheln, Nüssen oder Harz von lebenden Bäumen ist streng verboten und wird als Diebstahl gewertet!
- ▷ Lagerfeuer sind nur gestattet, wenn keine unmittelbare Waldbrandgefahr durch lange Trockenheit besteht. Sorgen Sie dafür, dass jedes Feuer unbedingt gründlich gelöscht wird!
- ▷ Halten Sie Ihren Rastplatz peinlichst sauber! Nehmen Sie Ihren Müll mit, wenn ein Müllbehälter voll ist. Stellen Sie nichts daneben, denn wilde Tiere zerreißen Tüten und fressen schädliche Dinge.
- ▷ Angeln und Fischen ist nur mit einem offiziellen Angelschein („Fiskekort") der örtlichen Behörden erlaubt. (Im Meer, in den norwegischen Fjorden und in den großen schwedischen Seen ist das Angeln frei.)

☺ Wenn sich alle Nordlandreisenden an die wichtigsten Regeln des Jedermannsrechts halten, wird das Recht hoffentlich noch lange erhalten bleiben. Den vollständigen, alles umfassenden Gesetzestext erhalten Sie bei der schwedischen Fremdenverkehrszentrale.

Großbritannien/Irland

Auf den britischen und irischen Inseln ist das Übernachten an Straßen und auf Parkplätzen zwar offiziell verboten, aber gerade in den einsamen Gegenden von Irland, Wales und besonders Schottland wird es meist toleriert – allerdings sollten Sie die „No overnight parking"-Schilder respektieren, da sonst auch die gemütlichen Insulaner sauer werden.

In den erwähnten Gebieten treffen Sie häufig auf sogenannte *single track roads*. Diese einspurigen schmalen Straßen haben in unregelmäßigen Abständen Ausweichplätze (die sogenannten *passing places*), auf denen nicht nur das Übernachten, sondern sogar schon das Parken bzw. das Anhalten strengstens verboten ist! Da es aber manchmal Alternativplätze am Wegesrand gibt, werden Sie auf diese für den fließenden Verkehr dringend notwendigen Ausweichstellen nicht angewiesen sein.

Leider sind Parkplätze – besonders die mit den Schildern „Park & Ride" – sehr oft mit Schranken in knapp 2 m Höhe versperrt, vermutlich um fahrendes Volk (Traveller) vom Campieren abzuhalten.

Obwohl oder vielleicht gerade weil England das Mutterland der Campingbewegung ist, ist der größte Teil der Campingplätze als recht einfach zu bezeichnen. Nicht immer werden Sie moderne Sanitäranlagen vorfinden. Häufig sind Parks mit Mobilheimen zu finden, die manchmal, aber nicht immer auch Wohnmobile aufnehmen. Aber auch in England nimmt die Zahl der Wohnmobilstellplätze zu.

Regelungen zum Übernachten außerhalb von Campingplätzen (Europa)

▷ In diesen Ländern ist das Übernachten sowohl auf öffentlichen Straßen und Rastplätzen als auch auf Privatgrundstücken untersagt:

Bulgarien	Kroatien 1	Moldawien	Rumänien
Russland	Slowenien 1	Ukraine	Weißrussland
Serbien und Montenegro			

▷ In diesen Ländern ist das Übernachten nur auf Privatgrundstücken erlaubt. Auf Parkplätzen, Raststätten und an öffentlichen Straßen gelten generell Verbote, von einigen Sonderbestimmungen (siehe Ziffer) einmal abgesehen:

Belgien 2	Dänemark 3	Finnland	Großbritannien
Griechenland 4	Irland	Luxemburg	Mazedonien
Niederlande 5	Polen	Portugal 3	Schweiz 2
Ungarn 6			

▷ Die folgenden Länder erweisen sich Wohnmobilfahrern gegenüber am großzügigsten. Hier ist nach Absprache mit den Besitzern das Übernachten auf Privatgrund prinzipiell gestattet. Auf öffentlichen Straßen, Rast- und Parkplätzen ist ein einmaliges Übernachten zur Wiederherstellung der Fahrtüchtigkeit erlaubt (Einschränkungen siehe Erläuterung). In Schweden haben bereits viele Raststätten an den großen Fernstraßen Ver- und Entsorgungsmöglichkeiten, sodass Sie dort eigentlich nur noch zum Wäschewaschen einen Campingplatz benötigen. In Frankreich bieten viele Ortschaften ebenfalls solche Möglichkeiten.

Deutschland	Frankreich 7	Italien 8	Norwegen 9
Österreich 10	Schweden	Slowakei 11	Spanien 8
Tschechien 11	Türkei		

Erläuterung:

1 Übernachtung nur mit Genehmigung der örtlichen Behörden
2 Maximal eine Nacht auf Autobahnraststätten
3 Maximal 10 Std. mit Parkscheibe
4 Übernachtungsverbot an Stränden, in Wäldern und archäologischen Fundstätten
5 In vielen Gemeinden ist eine Übernachtung erlaubt.
6 Übernachtung nur nach polizeilicher Anmeldung erlaubt
7 Innerhalb geschlossener Ortschaften ist das Übernachten verboten.
8 In einigen, besonders streng katholischen Orten Übernachtungsverbot
9 Übernachten auf offiziellen Rastplätzen verboten!
10 Regionale Übernachtungsverbote (z. B. für Tirol und Wien), außerdem Verbot in Landschaftsschutz- und Naturschutzgebieten und Nationalparks
11 Übernachten nur gestattet, wenn eine Toilette vorhanden ist.

Übernachten auf dem Campingplatz

Die Stellplatzwahl auf dem Campingplatz unterliegt natürlich anderen Kriterien als die einmalige wilde Übernachtung. Es gibt zwei Grundüberlegungen:

▷ Die erste besagt: Nur nicht so nahe an die Sanitärgebäude, denn dort kann es erstens zu Geruchsbildung kommen – besonders im Sommer – und zweitens ist dort immer eine gewisse Unruhe zu verzeichnen.

▷ Die zweite besagt: Nur nicht so weit weg von den Sanitärgebäuden, damit der Weg nicht so weit ist. Dies betrifft natürlich in erster Linie alle Camper ohne Nasszelle.

Viel wichtiger sind aber die platzspezifischen Merkmale. Leider ist es heute auf vielen Campingplätzen so, dass den Gästen ein bestimmter Platz zugewiesen wird. Gerade in der Hauptsaison ist dies oft nicht anders zu machen.

▷ Achten Sie darauf, dass keine Zweige an Ihrem Wohnmobil scheuern können, dass Ihnen die Platzbeleuchtung nicht genau ins Fenster scheint und dass über Ihnen keine schweren Tannenzapfen hängen (große herabfallende Zapfen können ohne Schwierigkeit ein Dachfenster zerstören).

▷ Achten Sie auf Bäume oder Gebäude, die den TV-Empfang mit einer Sat-Schüssel behindern können, wenn Sie abends noch fernsehen möchten.

▷ Beachten Sie den Sonnenstand (morgendliche Sonnenstrahlen können sowohl als schön als auch als störend empfunden werden). Wenn bei 35 °C im Schatten auch noch den ganzen Tag die Sonne auf die Wohnmobilseite mit dem Kühlschrank brennt, kühlt er nicht mehr.

▷ Denken Sie bei der Platzwahl stets an die Entfernung zum nächsten Stromanschluss (reicht die Länge Ihres Kabels?) und an die Entfernung zum nächsten Wasserhahn.

▷ Bei den neuen, modernen Campingplätzen muss man sogar an den Anschluss für das Frischwasser, Abwasser und Kabelfernsehen denken!

▷ Achten Sie darauf, nicht in Mulden oder an kleinen Abhängen zu stehen. Bei lang anhaltenden Regenfällen bilden sich hier schnell große Pfützen, der Boden wird weich, das Fahrzeug sinkt ein und bei großem Pech fahren Sie sich fest! Speziell hieran sollten Sie natürlich immer auch außerhalb eines Campingplatzes denken!

☺ Bei der Platzwahl ist es deshalb wichtig, auch bei herrlichstem Sonnenschein an schlechtes Wetter zu denken.

▷ Wer die Ruhe liebt, sollte die Nähe von Schiebetürennachbarn meiden!

Sollten Ihnen mehrere Mängel auffallen, fragen Sie nach einem anderen Platz.

Nehmen Sie auf dem Campingplatz Rücksicht und denken Sie an Ihre Nachbarn. Halten Sie einen gewissen Abstand, denn man muss nicht jedes Wort verstehen können, das der Nachbar spricht bzw. das Sie sprechen.

☺ Rücksicht, Verständnis und ein gesundes Maß an Toleranz vermeiden Ärger!

☺ Vergünstigungen bieten Ihnen die verschiedenen Campingcards. Unter https://smart-guides de finden Sie einen ausführlichen Vergleich der Karten und Infos, für wen/welche Gegend sich welche Karte lohnt.

Für die beliebtesten Campingurlaubsländer hier noch eine kurze Aufstellung der Übernachtungskosten auf den Campingplätzen pro Nacht für zwei Erwachsene mit einem Kind (einschließlich Wohnmobil, Strom und Nebenkosten). Die Kosten können natürlich je nach Platz und Saison stark schwanken.

- Deutschland .... ca. € 15-45
- Niederlande .... ca. € 18-58
- Österreich .... ca. € 20-45
- Italien .... ca. € 20-68
- Kroatien .... ca. € 20-60
- Frankreich .... ca. € 12-72
- Spanien .... ca. € 10-62
- Dänemark .... ca. € 28-52
- Schweden .... ca. € 18-40
- Polen .... ca. € 12-28

Wintercamping

Mit diesem Thema ließe sich ein ganzes Buch füllen. Im Folgenden finden Sie die wichtigsten Punkte, die Sie beachten sollten, wenn Sie auch in der kalten Jahreszeit mit Ihrem Wohnmobil unterwegs sein wollen:

Planen Sie regelmäßig Wintercamping mit ein, sollten Sie sich für ein vollintegriertes Fahrzeug mit isolierten Seitenscheiben entscheiden. Damit wird es auch

Durch Schneereste im Apennin (© Ingrid Retterath)

im Winter kuschelig warm. Alle Tanks sollten im isolierten und beheizten Doppelboden untergebracht werden. Auch die Batterien sollten in einem beheizten Fach eingebaut werden. Als Heizungsanlage wählen Sie am besten eine Alde-Heizung inklusive integrierter Fußbodenheizung. Alle Möbel im Fahrzeug sollten hinterlüftet sein, damit sich kein Schwitzwasser bilden kann. Die Heizflächen der Alde-Heizung sorgen dafür, dass die Luft konstant umgewälzt wird und es keine kalten Ecken (besonders im Fahrerhaus) gibt.

Im Winter wird viel Strom gebraucht, zwei Gel-Batterien mit mindestens 80 Ah sollten es deshalb schon sein. Für die Gasanlage ist eine automatische Umschaltung empfehlenswert (Gasflaschen werden immer nachts leer …) und es sollte ein EisEx in der Druckregelanlage eingebaut sein, der die Bildung von Eispfropfen im Druckregler verhindert (☞ Die Technik, Gasanlage). Ideal ist eine Fernsteuerung für die Heizungsanlage über eine App. Dann müssen Sie die Heizungsanlage nicht auf Volldampf durchheizen lassen, wenn Sie unterwegs ist, sondern können (ca. 1 Stunde vor der Rückkehr) die Heizungsanlage schon einmal „hochfahren“.

Zubehör

Falls die Idealkonfiguration nicht möglich ist, empfehlen wir folgendes Zubehör:

▷ Für Kastenwagen oder Teilintegrierte sind maßgeschneiderte Thermomatten erhältlich, die man von innen an der Seiten- und Frontwand des Fahrerhauses befestigen kann. Alternativ gibt es auch eine „Mütze“ aus thermoisoliertem Stoff, die man über das Fahrerhaus zieht. Auch für Fahrzeuge mit GFK-Hochdach können Sie thermoisolierte Mützen bekommen, damit Sie im Winter nicht im Schlaf erfrieren.

▷ Heizmatten als Fußbodenheizung, die über 12 V laufen, sorgen für angenehme Wärme im Fußbereich. Sie sollten aber nur bei festem Stromanschluss über längere Zeit betrieben werden.

▷ Weiterhin ist es sinnvoll, eine dritte Gasflasche im Stauraum mitzunehmen. Durch die Gasentnahme in einer Gasflasche kühlt die Flasche stark aus und Kondenswasser gefriert an ihr. Dadurch wird weniger Gas von dem flüssigen in den gasförmigen Zustand freigesetzt und die Heizung erreicht nicht die volle Leistung. Hat man eine dritte Gasflasche dabei, kann man die vereiste gegen diese Flasche austauschen. Tauen Sie die vereiste Flasche nur langsam auf, sonst kann das Metall reißen.

▷ Ist Ihr Abwassertank unterhalb des Fahrzeugs montiert, besteht die Gefahr des Einfrierens. Um das zu verhindern, können Sie entweder vor der Tour ein entsprechendes Glykolkonzentrat einfüllen oder eine Heizpatrone mit in den Tank einbauen. Eine Heizpatrone gibt es ab ca. € 30. Sie sollte ein Thermostat eingebaut haben, das das Gerät nur bei Frostgefahr in Betrieb setzt (dann liegen die Preise aber schon deutlich höher, ab € 100).

▷ Für den Kühlschrank liefert der Kühlschrankhersteller für die Wintermonate spezielle Plastikdeckel, die außen am Fahrzeug vor den Lüftungsgittern angebracht werden und verhindern, dass zu viel kalte Luft ins Wohnmobil einströmt.

Anhang

(© Manuela Dastig)

Wohnmobilhersteller (Auswahl)

▷ **Adria**, Reimo Reisemobilcenter GmbH, Geschäftsbereich Adria Deutschland, Boschring 10, 63329 Egelsbach, ☏ 061 03/40 05-81, ✍ adria@reimo.com, 💻 www.adria-mobil.com

▷ **Bürstner GmbH**, Weststraße 33, 77694 Kehl, ☏ 078 51/85-0, ✍ info@buerstner.com, 💻 www.buerstner.com

▷ **Carado GmbH**, Postfach 1140, 88330 Bad Waldsee, ☏ 075 24/999-0, ✍ info@carado.de, 💻 www.carado.de

▷ **Carthago Reisemobilbau GmbH**, Carthago Ring 1, 88326 Aulendorf, ☏ 075 25/92 00-0, ✍ info@carthago.com, 💻 www.carthago.com

▷ **Challenger**, 1 Avenue de Rochebonne, 07302 Tournon sur Rhone Cedex, ☏ 033/475 07/565-0, ✍ contact@challenger.tm.fr, 💻 www.reisemobile-challenger.de

▷ **Chausson**, CS 69003, 07302 Tournon sur Rhone Cedex, ☏ 033/475 07/555-0, ✍ contact@chausson.tm.fr, 💻 www.chausson-reisemobile.de

▷ **Concorde Reisemobile GmbH**, Concorde Straße 2-4, 96132 Schlüsselfeld-Aschbach, ☏ 095 55/922 5-0, ✍ info@concorde.eu, 💻 www.concorde.eu

▷ **Dethleffs GmbH & Co. KG**, Arist-Dethleffs-Straße 12, 88316 Isny, ☏ 075 62/987-0, ✍ info@dethleffs.de, 💻 www.dethleffs.de

▷ **Etrusco**, Kontakt am besten über die Erwin Hymer World GmbH, Hymerring 1, 97877 Wertheim, ☏ 09 30 42/930 51-0, ✍ info@erwinhymerworld.de, 💻 www.erwinhymerworld.de

▷ **Frankia**, TMG Frankia-GP GmbH, Bernecker Straße 12, 95509 Marktschorgast, ☏ 092 27/738-0, ✍ info@frankia.de, 💻 www.frankia.com

▷ **Hobby-Wohnwagenwerk**, Harald-Striewski-Straße 15, 24787 Fockbek/Rendsburg, ☏ 043 31/606-0, ✍ info@hobby-caravan.de, 💻 www.hobby-caravan.de

▷ **Hymer/Eriba**, HYMER AG, Holzstraße 19, 88339 Bad Waldsee, ☏ 075 24/999-106, ✍ info@hymer.com, 💻 www.hymer.ag

▷ **KABE AB**, Box 14, Jönköpingsvägen 21, 560 27 Tenhult, Schweden, ✍ kabe@kabe.se, 💻 www.kabe.se

▷ **Knaus Tabbert GmbH**, Helmut-Knaus-Str. 1, 94118 Jandelsbrunn, ☏ 085 83/21-1, ✍ info@knaustabbert.de, 💻 www.knaus.com

▷ **Laika Caravans**, Kontakt am besten über die Erwin Hymer World GmbH, Hymerring 1, 97877 Wertheim, ☏ 09 30 42/930 51-0, ✍ info@erwinhymerworld.de, 💻 www.erwinhymerworld.de

▷ **LMC Caravan GmbH & Co. KG**, Rudolf-Diesel-Str. 4, 48336 Sassenberg, ☏ 025 83/27-0, ✉ info@lmc-caravan.de, 💻 www.lmc-caravan.de

▷ **Niesmann & Bischoff GmbH**, Cloustraße 1, 56751 Polch, ☏ 026 54/900-0, ✉ info@niesmann-bischoff.com, 💻 www.niesmann-bischoff.com

▷ **Pössl** (nur ausgebaute Kastenwagen), Dorfstraße 7, 83404 Ainring, ☏ 086 54/460 94-0, ✉ info@poessl-mobile.de, 💻 www.poessl-mobile.de

▷ **Sunlight GmbH**, Arist-Dethleffs-Straße 12, 88316 Isny, ☏ 075 62/987-833, ✉ info@sunlight-caravaning.de, 💻 www.sunlight-caravaning.de

Wie Sie an diversen identischen Anschriften erkennen können, haben sich die Hersteller zum Teil aufgekauft, zum Teil auch zusammengeschlossen.

☺ Eine komplette Übersicht über alle Wohnmobilhersteller finden Sie auf der Internetseite 💻 www.promobil.de/marken.

Versandhäuser/Händler für Campingzubehör

▷ **Fritz Berger**: Über 100 Läden in ganz Deutschland, die Standorte mit Übersichtskarte finden Sie auf der Internetseite unter dem Stichwort „Filialen". Onlinekauf ist ebenfalls möglich.

💻 www.fritz-berger.de

▷ **Camping-Profi**: Auf der Internetseite finden Sie einen Katalog zum Blättern, bestellen können Sie entweder im zentralen Onlineshop und auch online direkt beim Vertragshändler Ihrer Wahl, bei dem Sie die Waren dann abholen können. Die Liste der Händler findet sich auf der Seite.

💻 www.camping-profi.de

▷ **Frankana**: Eine Händlerliste gibt es auf der Internetseite, sortiert nach Postleitzahlen – so finden Sie auch den für Sie am günstigsten gelegenen. Geliefert wird vom Händler direkt oder von Frankana.

💻 www.frankana.de

▷ **Freizeitwelt**: Onlineshop, liefert direkt. Es gibt aber auch eine nach Postleitzahlen geordnete Liste mit Vertragshändlern (Partner).

💻 www.freizeitwelt.de

▷ **Movera**: Auch hier finden Sie die Händler auf der Internetseite (unter dem Stichwort „Händlersuche"), sortiert nach Postleitzahlen. Geliefert wird nur direkt vom Händler.

💻 www.movera.com

▷ **Reimo**: Onlineshop, geliefert wird ab Reimo. Eine Händlersuche über die Website ist möglich.

💻 www.reimo.com

Ausrüstungshandel

▷ **Globetrotter**, Wiesendamm 1, 22305 Hamburg, ☏ 040/29 12 23, 💻 www.globetrotter.de, ✉ shop-hamburg@globetrotter.de. Weitere Filialen gibt es in Berlin, Torfhaus (Harz), Dresden, Frankfurt, Köln, Stuttgart, Filderstadt, Ulm und München. Alle Anschriften stehen auf der Internetseite.

▷ **Lauche und Maas/Därr**, Alte Allee 28, 81245 München-Pasing, ☏ 089/88 07 05, Versand ☏ 089/820 66 77, 💻 www.lauche-maas.de oder www.lauche-maas.eu, ✉ info@lauche-maas.de

▷ **Relags**, 💻 www.relags.de. Eigentlich ist Relags ein Großhändler für den Ausrüstungshandel, es gibt aber auch einen Onlineshop für Endverbraucher.

▷ **McTrek**, ☏ 061 81/95 26 30, 💻 www.mctrek.de. Es gibt über 40 Filialen in ganz Deutschland, u. a. in Alzey, Berlin, Bremen, Datteln, Düsseldorf, Essen, Frankfurt, Göttingen, Hagen, Hamburg, Idstein, Kassel, Kerpen, Köln, Lübeck, Montabaur, München, Nürnberg, Regensburg, Rosenheim, Trier, Viernheim und Würzburg. Die Adressen finden Sie auf der Internetseite.

Karten und Literatur

Karten

Wir benutzen trotz vorhandenem Navigationssystem immer auch zusätzlich einen Autoatlas oder Straßenkarten. Es ist doch spannend zu verfolgen, in welcher Gegend Sie gerade sind. Navis zeigen nur einen sehr kleinen Ausschnitt Ihrer Route. Kaufen Sie die notwendigen Straßenkarten rechtzeitig vor dem Urlaubsstart im Buchhandel. Bedenken Sie, dass besondere Gebiets- oder Wanderkarten, z. B. über Skandinavien oder Spanien, nicht immer vorrätig sind und unter Umständen erst bestellt werden müssen. Das kann bei diesen Artikeln erheblich länger dauern als bei einem Buch.

Karten sollten nicht älter als drei Jahre sein. Das Ausgabedatum ist in der Regel am Kartenrand abzulesen oder steht mit in der Zeichenerklärung. Ein weltweites Programm an informativen Straßenkarten gibt es beispielsweise vom renommierten Verlag Freytag & Berndt sowie vom Reise Know-How Verlag.

Die Automobilclubs (z. B. der ADAC) versorgen ihre Mitglieder mit kostenlosen Informationen und Übersichtskarten. Ausländische Automobilclubs erkennen die ADAC-Mitgliedschaft an und geben ebenfalls Karten und anderes Infomaterial kostenlos ab. Mitgliedsausweis nicht vergessen!

Camping- und Stellplatzführer

Zur kompletten Ausstattung eines Wohnmobils gehört auch ein Stellplatz-/Campingführer, denn allein in Deutschland gibt es über 5.000 registrierte Campingplätze und weit über 3.000 Stellplätze. Die Camping- und Stellplatzführer zeigen Ihnen, wie groß die Parzellen auf den Plätzen sind, ob es einen Kinderspielplatz und einen Laden gibt, ob Haustiere erlaubt sind und ob eine Entsorgungsstation für Kassettentoiletten vorhanden ist. Auch viele andere Informationen, z. B. zu Öffnungszeiten, Badestrand, Bootsverleih, Pool, Gaststätte, öffentlichen Verkehrsmittel etc., können Sie dort finden.

Sie bekommen diese Führer im Buchhandel, auf Reisemessen, bei Automobilclubs, von Fremdenverkehrsämtern oder bei den örtlichen Tourist-Infos.

▷ Die ADAC-Camping- und Stellplatzführer gibt es für Italien/Österreich/Kroatien/Slowenien, Deutschland, Frankreich/Spanien/Portugal/Schweiz und Skandinavien/Ostsee. Sie kosten zwischen € 20 und € 23.

▷ Der DCC-Campingführer Europa verzeichnet auf insgesamt gut 900 Seiten viele Campingplätze, wobei Deutschland mit knapp 300 Seiten vertreten ist. Für Mitglieder kostet er € 12, für Nichtmitglieder € 21,90.

💻 www.camping-club.de

▷ Im Stellplatz-Atlas Deutschland des Magazins promobil werden fast 3.700 Stellplätze auf über 950 Seiten vorgestellt, mit großer Faltkarte, € 10. In der App der Zeitschrift finden Sie über 11.000 Stellplätze und Entsorgungsstationen in ganz Europa.

Sie ist in der Basisfunktion kostenlos (aber mit Werbung). Die werbefreie Plus-Version kostet zurzeit € 0,99 pro Monat oder € 4,99 pro Jahr.

💻 www.promobil.de

▷ Die Zeitschrift Reisemobil international gibt jährlich einen zweibändigen Bordatlas (Deutschland und Europa) mit über 6.300 Plätzen heraus. Er kostet etwa € 28. Den Bordatlas gibt es auch als App (€ 9,90 für zwei Monate 9,90 bzw. € 16,90 für 12 Monate).

💻 www.reisemobil-international.de

Wohnmobilreiseführer

▷ Eine beliebte Reihe erscheint im Womo-Verlag. In diesen Büchern werden Reiserouten durch verschiedene Länder und Regionen Europas beschrieben. Übernachtungsempfehlungen beschränken sich fast ausschließlich auf Freistehplätze. Zu bedenken ist allerdings, dass durch die Beliebtheit des Führers genau diese Plätze vermehrt angefahren werden und daher überfüllt sein können. Ein Ersatz für einen traditionellen Reiseführer sind die Bücher nicht. Jeder Band kostet zwischen € 17,90 und € 24,90.

💻 www.womo.de

▷ Weitere Reiseführer zu insgesamt 22 Zielen speziell für Selbstfahrer (auch Auto und Motorrad) gibt es aus dem Werner Rau Verlag unter dem Namen „Mobil reisen" zu Preisen zwischen € 18,90 und € 22,90. Hier werden Routenvorschläge gemacht, die aber baukastenartig je nach Zeit und Vorlieben zusammengestellt werden können. Es werden Stellplätze, Campingplätze und, da die Bücher sich auch an Pkw-Fahrer wenden, Hotels genannt. Bei den Camping- und Stellplätzen wird angezeigt, ob es eine Ver- und Entsorgungsstation gibt. Diese Titel liefern Ihnen auch die Informationen, die Sie in „normalen" Reiseführern finden.

💻 www.rau-verlag.de

▷ Auch im Bruckmann Verlag gibt es derzeit 30 verschiedene Reiseführer für Wohnmobilisten, sie kosten zwischen € 20 und € 33.

💻 www.bruckmann.de

☺ Die besten Informationen über das jeweilige Urlaubsland erhalten Sie aus guten Reiseführern, z. B. aus dem umfassenden Programm des Michael Müller Verlags (oder einem anderen guten Reisebuchverlag). Weitere wohnmobilspezifische Reiseführer gibt es beispielsweise beim Conrad Stein Verlag als Outdoor-Handbuch, und beim Reise Know-How Verlag als Wohnmobil-Tourguide.

💻 www.michael-mueller-verlag.de

- www.conrad-stein-verlag.de
- www.reise-know-how.de

☺ Fahren Sie nie ohne Reiseführer los, denn jeden Euro, den Sie für einen guten Reiseführer ausgeben, werden Sie im Urlaubsland durch manchen guten Tipp mehrfach wieder einsparen.

In Norwegen mobil unterwegs (© Heide Schwinn)

Zeitschriften und nützliche Internetadressen

- promobil, DIE Zeitschrift für Wohnmobilisten
- Wohnmobil Wohnwagen Markt, monatlich erscheinendes Magazin mit vielen Anzeigen
- Wohnmobil & Reisen, Alles rund ums Wohnmobil
- Auto Bild Reisemobil, Reisetipps, Reportagen, Testberichte, Infos
- Reisemobil international, Tests, Neuheiten, Ratgeber, Zubehör, Stellplätze
- www.truckscout24.de, Internet-Wohnwagenmarkt
- www.caraworld.de, Internet-Wohnmobilmarkt
- www.mobile.de, Internet-Wohnmobilmarkt
- www.wohnmobile-wohnwagen.net, kostenloser Anzeigenmarkt für Wohnmobile, Wohnwagen und Zubehör

- ▷ www.camping.info, Campingplatzfinder für Europa (fast 23.000 Campingplätze werden vorgestellt) mit Bewertungen der Benutzer
- ▷ www.pincamp.de, Campingplatzfinder des ADAC mit Bewertungen, auch viele Tipps für Wohnmobilnutzer
- ▷ www.camping.de, Vorstellung von über 54.000 Campingplätzen weltweit, mit Karten, vielen Fotos von Nutzern und Bewertungen
- ▷ www.campingplatz.de, ebenfalls ein Platzverzeichnis für europäische Plätze, mit Bewertungen, zum Teil mit Karten
- ▷ www.top-platz.de, Zusammenschluss von inzwischen gut 120 Stellplatzbetreibern unter dem Namen „TopPlatz“, die günstige und vorbildliche Stellplätze in Deutschland anbieten
- ▷ www.camping-club.de, Internetseite des Deutschen Camping-Clubs mit vielen Infos rund ums Campen
- ▷ www.campen.de, Forum für Camper

☺ Eine Liste der nützlichsten **Apps** für Wohnmobilisten mit Angaben, ob sie kostenlos oder kostenpflichtig sind, finden Sie hier: 💻 www.promobil.de/tipp/die-20-besten-apps-fuer-wohnmobilisten-auf-tour-und-zur-vorbereitung/

Oyster
Dethleffs
die
OUTDOOR
Verlage
Mit uns nach draußen
SO MD 3333

Index

(dg)

A

B

C

D

E

F

G

H

I/J

K

L